袁杰 著

铝电解废弃物资源化利用

RESOURCE UTILIZATION OF
ALUMINUM ELECTROLYSIS WASTE

U0331876

中南大学出版社
www.csupress.com.cn
·长沙·

内容摘要

本书共分 6 章，总结介绍了铝电解工业产生的废阳极（残极）、炭渣、废槽衬、铝灰、烟气等 5 种废弃物的形成、危害、资源化综合利用研究现状以及发展趋势，分析对比了不同处理工艺对铝电解废弃物无害化、资源化循环利用的优劣，综述了废弃物处理最新发展动态。

本书可供冶金固体废弃物领域的研究人员阅读，也可供大专院校相关专业的师生参考。

前言

近年来，中国已成为世界上最大的原铝生产国和消费国。2023年中国原铝产量约4159.4万，占世界原铝产量的59.63%，金属铝以其优良的理化性能在人们的日常生活中发挥着重要作用。霍尔-埃鲁特（Hall-Héroult）熔盐电解法是当前铝冶炼生产的主要工艺，在运行过程中及运行后会产生废阳极（残极）、炭渣、废槽衬、铝灰、烟气等废弃物，这些废弃物都属于《国家危险废物名录（2021版）》中列出的危险废弃物。随着资源的日趋匮乏和铝电解工业废弃物排放量的持续增长，如何实现此类废弃物无害化、资源化综合利用，是相关行业从业人员亟待解决的一大难题。

针对铝电解废弃物的资源化利用研究，本书共分为6章：第1章简述了铝电解过程基础理论，概述了废弃物的产生与理化信息，阐述了当前废弃物处理存在的问题与资源化利用的意义；第2章简介了废阳极处理与再利用，简述了残极的产生与危害，详述了残极处理与资源化利用，阐述了阳极发展趋势；第3章简述了炭渣的产生与危害，详述了炭渣处理与资源化利用，阐述了降低炭渣产生量的途径；第4章简述了废槽衬的产生与危害，详述了废阴极处理与资源化利用，阐述了阴极发展趋势；第5章简述了铝灰的产生与危害，详述了铝灰处理与再利用；第6章简述了烟气基本性质与危害，详述了烟气净化与脱硫处理工艺。

本书的研究与编撰工作得到了六盘水师范学院化学与材料工程学院同仁的大力支持。感谢国家自然科学青年基金（项目号51904150），六盘水市碳达峰、碳中和技术创新中心（项目号52020-2022-PT-04），六盘水师范学院专著出版专项资金等给予本书研究与出版工作的资助支持。

由于作者水平所限，书中不足之处，敬请广大读者批评指正。

袁　杰
2024年4月

目录 / Contents

第 1 章
绪　论

1.1　概论

铝是一种化学性质相对较为活泼的有色金属，其与氧元素结合较为牢固，因此，虽然铝在自然界中储量高于其他金属（元素排序第三位），但直到 19 世纪 20 年代金属铝才得以制备，晚于铜铁两千余年。

1854 年，法国人戴维尔通过钠代替钾还原氯化铝钠（$NaAlCl_4$）制得金属铝，这也是铝生产工业化的开端。在氧化铝-冰晶石熔盐电解法实现工业化之前，金属铝的产量极低。

1854 年，德国人 R. Bunsen 电解 $NaAlCl_4$ 熔盐得到了金属铝，但受限于电流与电价未能开展工业化试验。

1883 年，美国人 Bradley 提出了冰晶石-氧化铝熔盐电解工艺。

1886 年，美国人 C. M. Hall 和法国人 P. L. T. Hérout 申请了冰晶石-氧化铝熔盐电解专利，这就是现代铝电解的基础 Hall-Hérout 工艺。

当前，Hall-Hérout 工艺作为金属铝唯一的工业级生产工艺，有力地推动了全世界铝产量的增长。而铝电解工艺的发展主要体现在铝电解槽的发展，从小型预焙阳极槽，到现代铝工业的四类大型电解槽——自焙阳极电解槽（侧插棒式、上插棒式）、预焙阳极电解槽（连续式、不连续式），电解槽电流也从十几千安、几十千安逐渐增大到当前的 500 kA、600 kA。

与其他金属相比，铝具有明显的特性优势：轻量性佳，导电性和导热性良好，再生循环性强；耐腐蚀性强，能够应用于潮湿、日照及其他较恶劣环境；具有良好的耐药性、抗菌性、表面化学性能等；成型性强，延展性好，可塑性突出。铝的密度约为铁和铜的 1/3，常用于制造交通工具、桥梁建筑以及质量较轻的容器。铝的导热率为铜的 60% 左右，且价格低廉，因此铝电导线应用广泛。极佳的导热性是热交换器、冷气机散热片以及家庭五金选择铝作为原料的主要因素之一。高强度铝合金是制造桥梁、压力容器、建筑结构材料、高铁飞机等机械设备的主要原材料。金属表面形成的致密氧化膜使得铝具有更好的耐腐蚀性,可用于食品级包装、机械制造、耐用消耗品等行业。铝热剂常作为难熔金属熔炼或钢轨焊接过程中的催化剂,也是炼钢工艺中常用的脱氧剂。

近年来,中国已成为世界上最大的原铝生产国和消费国,金属铝以其优良的理化性能正伴随着经济发展的脚步走进人们的日常生活。图1-1为近十年世界铝产量与中国原铝产量对比。如图1-1所示,2012年世界原铝产量为4916.7×10^4 t,而中国原铝产量为2353.4×10^4 t,占比为47.87%;2021年世界原铝产量为6709.2×10^4 t,而中国原铝产量为3883.7×10^4 t,占比为57.89%。可见,中国原铝产量在世界原铝产量中的比重逐渐增加。铝产业具有蓬勃的生命力,是材料产业的重要组成部分。近十年来,中国铝产业发展速度不断加快,在产业规模和生产技术等方面已接近世界先进水平,成功培育了多个享誉全球的现代化铝业集团公司,研发了一系列高性能的新型铝合金,有力助推了国民经济发展。据报道,铝产量与国家GDP增长的线性相关系数为0.98,对经济增长具有明显拉动作用。

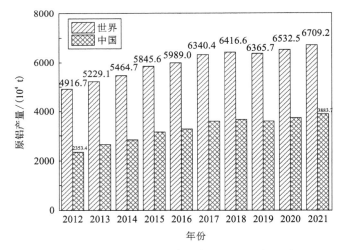

图1-1 近十年世界原铝产量与中国原铝产量对比

1.2 铝电解基础理论

铝电解主要原料为冰晶石(Na_3AlF_6)、氧化铝(Al_2O_3)、炭阳极、添加剂氟化钠(NaF)、氟化钙(CaF_2)、氟化镁(MgF_2)等。在940~970 ℃下,熔融冰晶石作为溶剂,氧化铝作为溶质溶解于电解质冰晶石中,通入强电流后,在阴阳两极发生电化学反应生成金属铝和阳极气体。图 1-2 为铝电解槽主要结构示意图。

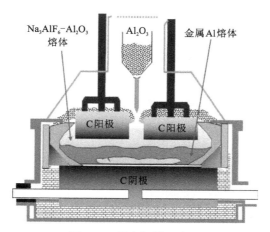

图 1-2　铝电解槽示意图

在电解槽中，阳极与阴极均为炭质材料，阳极参与电化学反应，铝电解过程可通过反应方程式（1-1）表示。

$$2Al_2O_{3(sol)} + 3C_{(s)} \xlongequal{\quad\quad} 4Al_{(l)} + 3CO_{2(g)} \tag{1-1}$$

1.2.1　氧化铝溶解

作为铝电解生产的主要原料，氧化铝溶解进入电解质熔体关系到生产过程是否平稳顺利进行，也会对铝电解技术工艺参数调整与适配工作状况产生影响。氧化铝在熔融冰晶石电解质中的浓度直接影响着铝电解槽的槽电阻。槽电阻变化曲线在氧化铝质量分数为 2.5%～3.5% 时存在一个极值点，电解槽控制系统即可通过槽电阻的变化来推测槽中氧化铝溶解浓度，进而控制下料系统，实现电解槽自动化、精准化下料。

当电解槽中氧化铝浓度偏高时，电解质中的氧化铝不能完全参与电解反应而沉入槽底形成沉淀结壳，导致阴极炭块表面受沉淀附着覆盖部分使其导电性变差甚至产生绝缘性，这促使电流横向流动，铝液波动加剧，铝的二次溶解反应增强，最终导致电流效率降低。当电解槽中氧化铝浓度偏低时，参与电解反应的氧化铝量不足，阳极效应频发，不仅导致吨铝能耗升高、电流效率降低、工人劳动强度增大，还会对电解槽运行安全产生威胁。且阳极效应过程中槽中氟化物易产生温室气体四氟甲烷（CF_4）和六氟乙烷（C_2F_6），因此，Haupin 倡导"零效应"管理模式，追求低电流效率系数甚至零效率。为了确保电解槽安全稳定运行，一般将氧化铝溶解度控制在 1.5%～2.5%。

氧化铝在电解质中的溶解行为与氧化铝品类、形貌、性质以及电解质的性质、加料方式等密切相关。溶解后的 Al_2O_3 电离成为以络合物状态存在的离子形式：

$$Al_2O_{3(固)} \Longrightarrow 2Al^{3+}_{(络合状)} + 3O^{2-}_{(络合状)} \tag{1-2}$$

在生产过程中，下料进入电解质的氧化铝主要集中于中缝附近，受到阳极气泡的鼓动、电解质的波动等作用分散溶解于电解质中。通过模拟分析电解槽中氧化铝颗粒溶解行为，发现在阳极气泡的作用下，50%的氧化铝可在十余秒内溶解于电解质，1 min 后绝大部分氧化铝溶解。影响氧化铝溶解行为的主要因素有电解质组成、过热度、分散性等。

（1）氧化铝性质

铝电解用氧化铝采用气力输送将其送入电解槽上部的料箱。在输送过程中，颗粒间不可避免地发生相互碰撞和摩擦，导致氧化铝粒径发生变化。粒径分布是氧化铝性能评估的重要指标之一。一般用粒径小于 45 μm 的颗粒和大于 150 μm 的颗粒所占比例来表征氧化铝的质量指标。小颗粒的氧化铝易在电解作业过程中产生扬尘，且在电解质中溶解性较差；大颗粒的氧化铝会因重力原因和粒径过大来不及完全反应而沉入槽底形成沉淀。工业氧化铝生产过程中要求粒径大于 150 μm 的大颗粒氧化铝质量分数低于 5%，粒径小于 45 μm 的小颗粒氧化铝质量分数低于 15%。因此，砂状氧化铝是铝电解生产的首选原料，使用砂状氧化铝的电解过程的电流效率相对较高。

在铝电解工业过程中，氧化铝原料主要为新鲜工业氧化铝和载氟氧化铝。载氟氧化铝是新鲜氧化铝吸附了烟气中的有害气体氟化氢后的干法烟气净化副产品，吸附氟化氢后氧化铝与氟化氢发生反应使得晶体由正四面体向正六面体转变，氧化铝黏度增大、流动性下降。为分析对比新鲜工业氧化铝和载氟氧化铝在电解质中的溶解度差异性，有研究人员选择了国内不同厂家的 4 种工业氧化铝和 1 种载氟氧化铝（干法净化吸收含氟废气后的氧化铝），对比分析 5 种氧化铝与 α-Al$_2$O$_3$ 在电解质中的溶解行为，研究发现：载氟氧化铝的溶解性能最优，溶解速度是常规氧化铝的 2 倍，铝电解厂用的中间状氧化铝溶解性能相差较小，但优于 α-Al$_2$O$_3$。相同电解质条件下不同氧化铝溶解速率见图 1-3。

（2）电解质组成

在铝电解过程中，随氧化铝下料进入电解质中的锂盐、钾盐等可分别生成氟化锂、氟化钾，会对电解质中氧化铝的溶解度产生影响。低氟化锂浓度（质量分数低于 3%）对氧化铝溶解产生抑制作用，高氟化锂浓度（质量分数高于 3%）对氧化铝溶解起积极作用，氟化钾浓度升高可促进氧化铝在电解质中的溶解。

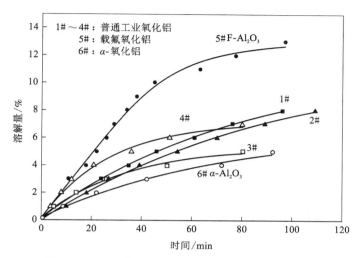

图 1-3 相同电解质中 6 种氧化铝的溶解量变化曲线

电解质中氧化铝的溶解量也对新加入的氧化铝溶解速率存在影响。当氧化铝质量分数小于 4% 时,电解质中含氧阴离子主要以 $Al_2OF_8^{4-}$ 和 $Al_2OF_6^{2-}$ 形式存在;当氧化铝质量分数达到 4% 时,存在大量 $Al_2O_2F_4^{2-}$ 络合离子。氧化铝在 $NaF-AlF_3-CaF_2-MgO-Al_2O_3$ 体系中的溶解反应为方程(1-3)~(1-6)。当氧化铝质量分数低于 3% 时,氧化铝溶解速率与电解质中氧化铝浓度无关,反应级数为零级反应,溶解速率主要受化学反应速度控制;当氧化铝质量分数高于 3% 时,熔盐离子结构变得更加重要,反应速率受扩散速度控制。研究发现,氧化铝溶解速率变化发生在临界质量分数 4%。

$$Al_2O_3 + 4AlF_5^{2-} + 4F^- \Longrightarrow 3Al_2OF_8^{4-} \tag{1-3}$$

$$Al_2O_3 + 4AlF_5^{2-} \Longrightarrow 3Al_2OF_6^{2-} + 2F^- \tag{1-4}$$

$$2Al_2O_3 + 2AlF_5^{2-} + 2F^- \Longrightarrow 3Al_2O_2F_4^{2-} \tag{1-5}$$

$$2Al_2O_3 + Al_2O_2F_4^{2-} + 4F^- \Longrightarrow 2Al_3O_4F_4^{3-} \tag{1-6}$$

(3)电解质温度

电解质温度升高可加快氧化铝溶解速率。在工业条件下,电解质温度由 1010 ℃ 升高至 1080 ℃,氧化铝溶解速率可提升 7 倍。因此,预热氧化铝有利于其在电解质中的溶解。

杨西坚对比了不同槽温下氧化铝溶解度,先通过 Skybakmoen 经验方程进行计算,再通过 Robert 在氟化钾(KF)电解质中所测得的数据进行修正,结果如表 1-1 所示。

表 1-1　不同温度下氧化铝溶解度

电解质成分	槽温/℃	氧化铝溶解度 (Skybakmoen)/%	氧化铝溶解度 (Robert)/%
2.5NaF·AlF$_3$、	955	6.900	7.070
0.8%MgF$_2$、3%LiF、	945	6.526	6.687
3%FK、6%CaF$_2$	936	6.200	6.353

温度和溶解速率的关系可以用阿伦尼乌斯(Arrhenius)公式来解释。活化能基本不随温度或溶解热焓发生改变,而活化离子的数目随温度升高而增多,热运动随温度升高而增多。从这个角度来说,升高温度对加快氧化铝的溶解有积极作用。

(4)过热度

过热度是铝电解槽中电解质实际温度与初晶温度间的差值,过热度是决定铝电解生产稳定性并获得良好技术经济指标的关键因素之一。当过热度偏大时,特别是偏大 15 ℃ 以上时,肉眼可见电解质为清亮状、易流动、表面无未氧化固体氧化铝,也可发现电解质中炭渣燃烧、电解质温度偏高等现象;当过热度偏小时,电解质黏度大、流动缓慢,可发现大量未熔化固态氧化铝。电解质过热不仅影响炉膛内部规整性、底部清洁度,更直观地影响氧化铝在电解质中的溶解行为,最终影响电解槽电流效率。通过自制双温区透明电解槽,探索工业电解质中砂状氧化铝和载氟中间状氧化铝溶解行为,表 1-2 为不同过热度下两类氧化铝的漂浮时间与完全溶解时间。研究发现电解质过热度影响氧化铝-电解质结壳的组成与结构,氧化铝漂浮时间受电解质中氧化铝质量分数影响。

表 1-2　不同过热度下两类氧化铝的漂浮时间与完全溶解时间

氧化铝类型	初始氧化铝质量分数/%	电解质温度/℃	过热度/℃	漂浮时间/min	完全溶解时间/min
载氟中间状	4.26	946	5	1.00	25.82
	4.26	956	15	1.13	15.57
	5.26	942	5	0.83	22.43
	5.26	952	15	2.13	16.93
砂状	6.26	945	12	5.82	13.50
	7.26	931	2	2.25	>60.0
	7.26	941	12	4.53	>60.0

（5）分散性

在氧化铝溶解过程中，只有部分分散良好的冷态氧化铝颗粒在电解槽中很快溶解，而其他冷态氧化铝颗粒分散性能较差，形成由凝固电解质和未溶解氧化铝组成的漂浮团聚体。研究人员通过改进的计算流体力学（CFD）模型考查了铝电解过程中溶解的电解铝团聚现象，发现氧化铝团聚体的总质量和最大粒径主要取决于加料量，并随加料量的增加而增加；较高的过热度能有效抑制团聚的形成，从而促进氧化铝的充分溶解行为；氧化铝团聚体的形成和缓慢溶解特性对氧化铝颗粒的充分溶解起主导作用。

在冶炼过程中，颗粒状氧化铝在电解质中受氟盐催化作用使晶型转变为 α-Al_2O_3，片状的 α-Al_2O_3 易与电解质冷凝结壳。杨酉坚等研究了氧化铝结壳溶解速率与电解质中初始氧化铝质量分数的关系，图 1-4 为变化趋势图。

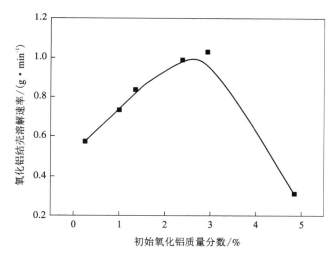

图 1-4 氧化铝结壳溶解速率与电解质中初始氧化铝质量分数的变化趋势图

当电解质中初始氧化铝质量分数低于 3% 时，氧化铝结壳溶解速率随初始氧化铝质量分数升高而增大；当电解质中初始氧化铝质量分数高于 3% 时，氧化铝结壳溶解速率随初始氧化铝质量分数升高而减小。

氧化铝在冰晶石电解质中的溶解是一个复杂的物理化学反应过程，氧化铝质量分数直接影响其在电解质中的反应进程。

当氧化铝质量分数小时，溶解化学反应方程式为（1-4）。

当氧化铝质量分数大时，溶解化学反应方程式为（1-5）。

化学反应过程受内扩散和外扩散控制。内扩散控制是指在氧化铝颗粒表面化学反应速率比氟化铝向氧化铝表面扩散速率大，溶解速率取决于氟化铝扩散速率;而外扩散控制是指氧化铝颗粒表面化学反应速率比氟化铝向氧化铝表面扩散速率小,溶解速率取决于化学反应速率。

李茂等通过自编程研究了在传热控制和传质控制不同机制下电解槽中氧化铝的溶解行为,探索氧化铝粒径对其溶解过程的影响,预测了不同控制机制下的临界粒径:传质机制主要影响小颗粒氧化铝的粒径,传热机制主要影响大颗粒氧化铝固体的粒径。以 300 kA 铝电解槽为研究对象,气泡作为分散氧化铝颗粒的主要驱动力,对电解槽中气泡作用下氧化铝的溶解过程进行数值模拟。因铝液对氧化铝在电解质中的溶解影响较小,忽略铝液层的计算,取电解质区域作为计算区域。气泡作用下的电解质流场关于长轴和短轴对称,研究者选取一个下料点作为研究对象,溶解后的氧化铝主要集中在下料点周围几块阳极区域,在不影响计算准确性并为减少计算费用的前提下,选取半槽进行计算,即关于短轴对称的半个铝电解槽,半槽长×宽×高为 3840 mm×7400 mm×180 mm。

图 1-5 为通过仿真模拟计算得到的传质机制控制下电解槽中氧化铝溶解质量分数及固体颗粒粒径变化趋势图。氧化铝颗粒在 20 s 左右已经溶解了 50%(质量分数),在 60 s 左右溶解了 90%,剩余 10% 的氧化铝颗粒直到 126 s 才完全溶解。200 μm 氧化铝颗粒完全溶解用时 29.5 s,与 1 mm 结块颗粒完全溶解时间 126 s 对比可知,1 mm 的结块氧化铝颗粒溶解时间明显较长,因此在整个电解过程中,结块的大颗粒会延长氧化铝颗粒完全溶解的时间。图 1-5 中氧化铝颗粒粒径随时间的下降曲线表明,虽然氧化铝颗粒质量溶解速率随粒径的减小而快速降低,但对应的颗粒粒径变化梯度很小,即颗粒尺寸溶解速率随粒径的减小而缓慢下降,颗粒尺寸越小其尺寸溶解速率越小。

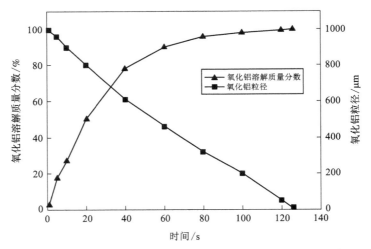

图 1-5 传质机制控制下的氧化铝溶解质量分数与粒径变化趋势图

1.2.2 阳极反应过程

工业生产中一般将阳极视为铝电解的"心脏",阳极反应过程较为复杂。当前理论界已经厘清了阳极反应产物、阳极过电位、反应控制速率等长期存在争论的问题。

(1)阳极产物

工业生产中,阳极主要材料为石油焦、沥青焦、煤沥青等碳质成分,因此炭阳极参与铝电解反应的产物主要为 CO_2,另含有少部分 CO。

主要化学反应为

$$2Al_2O_3+3C \Longrightarrow 4Al+3CO_2 \qquad (1-7)$$

反应(1-7)在 1000 ℃时可逆电动势为 -1.186 V。

在发生主反应的同时,阳极区也伴随有一系列副反应,溶解于电解质中的铝被带到阳极区,可与产生的 CO_2 气体发生氧化还原反应生成 CO 气体:

$$2Al_{(溶解的)}+3CO_2 \Longrightarrow Al_2O_3+3CO \qquad (1-8)$$

反应(1-8)在 1000 ℃时反电动势为 -1.065 V。当温度升高时,反应将强烈地向右进行,铝和 CO_2 反应生成 CO 气体会导致生成的金属铝再次以 Al_2O_3 形式溶解于电解质中,这一过程是导致电流效率降低的主要因素之一。

产生的 CO_2 气体与炭阳极可发生布多尔反应:

$$C+CO_2 \Longrightarrow 2CO \qquad (1-9)$$

因此,电解铝生产过程中一般阳极气体组成为 CO_2(50%~80%)+CO(20%~50%)。根据阳极实际炭耗计算可知反应(1-9)为阳极区主要过程,但热力学计算发现在非常低的电流密度(0.05~0.1 A/cm²)下布多尔反应即可发生,这也通过试验数据获得了验证。

此外,阳极中含有的杂质元素 V、P、S 等也可与含氧络合离子反应产生气体杂质,氟化物也会在强电流作用下与阳极炭反应生成碳氟化物。

(2)阳极反应机制

电解质中存在多类离子,这其中的含氧络合离子 $Al_2OF_6^{2-}$、$Al_2O_2F_4^{2-}$ 等在阳极放电,反应过程如下:

$$AlOF_x^{1-x}{}_{(电解质)} \Longrightarrow AlOF_x^{1-x}{}_{(电极)} \qquad (1-10)$$

$$AlOF_x^{1-x}+xC \Longrightarrow C_xO+AlF_x^{3-x}+2e \qquad (1-11)$$

$$AlOF_x^{1-x}+C_xO \Longrightarrow CO_2+AlF_x^{3-x}+2e+(x-1)C \qquad (1-12)$$

工业电解槽中可发现阳极区富含 AlF_3、阴极区富含 NaF,这与阴阳极离子放电产物相吻合。

1.2.3 阴极反应过程

电解槽阴极主要反应为铝离子得电子后析出金属铝，伴随其他金属钠、铁等的析出以及金属铝的溶解。

(1) 铝的析出

电解质中含有的主要离子有 AlF_6^{3-}、AlF_4^-、Na^+、F^-、Al—O—Al 络合离子，铝元素的存在形式为含铝复合离子，钠元素的存在形式为自由离子 Na^+。

在冰晶石-氧化铝熔体中，主要组分在氟化物熔体中的分解电压见表1-3。Al 因其氧化物 Al_2O_3 分解电压小而优先分解析出。

表 1-3 冰晶石-氧化铝熔体中主要组分分解电压

化合物	温度/℃	分解电压/V
Al_2O_3	1000	2.12
NaF	1000	2.54
CaF_2	1400	2.40
MgF_2	1400	2.25

在铝电解过程中，阴极附近的 Al^{3+} 若得到 3 个电子则发生反应(1-13)生成金属铝，但若不能得到足够的电子则可能发生铝的不完全放电，如方程式(1-14)、(1-15)所示。一般来说，铝的不完全放电的发生概率随温度升高、Al_2O_3 质量分数增大、搅拌强度增大而增大。

$$Al^{3+}+3e \Longrightarrow Al \tag{1-13}$$
$$Al^{3+}+2e \Longrightarrow Al^+ \tag{1-14}$$
$$Al^{3+}+e \Longrightarrow Al^{2+} \tag{1-15}$$

(2) 钠的析出

钠离子是铝电解熔体中的主要组分之一，因元素铝与钠的析出电位相差较小（250 μV），在电解条件发生变化时可能导致钠优先于铝析出。钠优先析出的电解条件如下：

①熔体温度升高；

②电解质中钠的比例增大；

③阴极电流密度增大导致阴极过电位增大、阴极极化电位增大；

④Al^{3+} 形成配位离子并且迁移数小，使阴极区 Al^{3+} 活度远小于 Na^+；

⑤电解槽局部过冷，使得该处阴极附近电解质中钠离子外扩散受阻，该区域

内电解质中 NaF 质量分数增大，钠可能优先析出。

析出的钠一部分进入铝液，一部分进入电解质，还有一部分继续向上移动离开电解质，与空气中的氧发生燃烧反应。

铝液因与底部阴极直接接触使得铝液中的单质钠有机会进入阴极炭块中，钠渗透入阴极炭块会导致阴极隆起、膨胀开裂而失效。

（3）阴极其他副反应

原料带入的多种杂质（Fe^{3+}、Si^{4+}、P^{5+}、V^{5+}、Ti^{4+} 等）在阴极放电，导致电流效率和铝的品位降低。

（4）碳化铝的产生

关于碳化铝的产生机制，当前主要有两种：一是冰晶石溶解了铝表面的氧化铝膜，从而降低了铝与碳之间反应生成碳化铝的温度；二是电解槽内阴极附近以铝液为阳极、炭块为阴极形成了微型原电池，碳与铝在阴极发生电化学反应生成了碳化铝。

碳化铝为黄色粉末，易与空气中的水分发生反应生成氢氧化铝与甲烷。图 1-6 所示为铝电解槽大修排出的废阴极炭块上附着的碳化铝，在空气中放置一段时间后，黄色粉末颜色会转变为白色。碳化铝也是影响阴极炭块寿命的主要因素之一。

图 1-6　废阴极炭块表面的碳化铝

（5）氰化物的生成

当空气由阴极钢板窗孔处渗透入电解槽中时，空气中的氮元素、阴极炭块与侧壁炭块中的碳元素、阴极产物钠可能在阴极棒区发生反应生成剧毒化合物氰化钠（NaCN），该物质常存在于废阴极中。

1.3 铝电解废弃物处理

1.3.1 铝电解废弃物

国民经济的持续发展使得人们对金属铝的需求日益增长，截至 2022 年 1 月底，中国电解铝建成产能已达 $4318×10^4$ t/a，运行产能 $3859×10^4$ t，中国电解铝产量占全球近 60%，连续多年位居原铝生产与消费之首。铝电解业的蓬勃发展也为环境保护带来了极大压力，这其中固体废弃物为主要污染物。铝电解产生的主要固体废弃物有废阳极（残极）、阳极炭渣、废槽衬、铝灰等。

图 1-7 为铝电解过程废弃物产生环节。

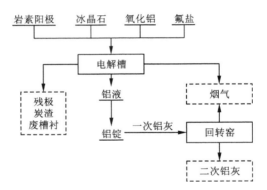

图 1-7 铝电解废弃物产生环节

表 1-4 为铝冶炼产生的固体废弃物、分类、代码、特征污染物、污染特性等相关信息。表 1-5 为铝冶炼废弃物环节与产废系数等信息。

表 1-4 铝冶炼废弃物信息

类别与来源	代码	名称	污染特性	组成	特征污染物
HW48 有色金属采选和冶炼废物	321-023-48	电解铝生产过程电解槽阴极内衬维修、更换产生的废渣(大修渣)	T	阴极炭块、保温材料、耐火材料	氟化物、氰化物
	321-024-48	电解铝铝液转移、精炼、合金化、铸造过程熔体表面产生的铝灰渣,以及回收铝过程产生的盐渣和二次铝灰	R、T	铝灰	氟化物、氮化铝、碳化铝
	321-025-48	电解铝生产过程产生的炭渣	T	残极、炭渣	氟化物
	321-026-48	再生铝和铝材加工过程中,废铝及铝锭重熔、精炼、合金化、铸造熔体表面产生的铝灰渣,及其回收铝过程产生的盐渣和二次铝灰	R	再生铝铝灰	重金属、碳化铝、氮化铝
	321-034-48	铝灰热回收铝过程中烟气处理集(除)尘装置收集的粉尘,铝冶炼和再生过程中烟气(包括再生铝熔炼烟气、铝液熔体净化、除杂、合金化、铸造烟气)处理集(除)尘装置收集的粉尘	T、R	烟尘(除尘灰)	重金属、氟化物

注:T 代表毒性等级,R 代表反应特性等级。

表 1-5 铝冶炼废弃物排放信息

名称	代码	产生环节	产废系数	产生规律
大修渣	321-023-48	电解槽大修	20~30 kg/t-Al	3~10 a
电解铝灰	321-024-48	铸锭过程出渣、一次铝灰回收金属铝	一次铝灰 10~15 kg/t-Al,二次铝灰 5~10 kg/t-Al	连续
炭渣	321-025-48	电解过程	5~15 kg/t-Al	连续
再生铝灰	321-026-48	再生铝出渣、一次铝灰回收金属铝	一次铝灰 80~100 kg/t-Al,二次铝灰 50~80 kg/t-Al	连续
铝加工铝灰	321-026-48	铝液熔炼、精炼、静置过程	铸造铝合金加工 40~50 kg/t-Al,变形铝合金加工 30~40 kg/t-Al	连续
烟尘	321-034-48	铝灰再利用、铝熔炼过程		连续

1.3.2 资源化利用存在的问题

（1）环保观念相对落后，政策法规不完善

在过去的很长一段时间里，人们在发展经济的同时未能有效地提升环境保护观念与理念，加之废弃物特别是固体危险废弃物管理与处置的相关政策法规不完善，虽有《中华人民共和国环境保护法》《中华人民共和国固体废物污染环境防治法》等国家层面的法规，但缺乏细则性及地方性实施政策，导致废弃物处理未能受到重视，这在重工业行业尤为明显。铝电解行业产生的废弃物资源化处理在近几年才得到重视并开始实施。

（2）资金投入不足

虽然我国人均资源占有量不足的观念深入人心，但环保理念落后、政策法规欠缺、废弃物处理投资成本高、回报率低等诸多因素，在一定程度上影响了企业对废弃物资源化处置的资金量的投入。过去，大部分企业主要依赖于贮存或填埋，处理资金主要用于废弃物的收集、转运、堆放、填埋等环节，废弃物处理经济效益不高，因此主要依赖政府拨款，企业自身资源化利用新工艺的研发经费投入较低。

（3）处置技术落后

无强制性废弃物处理法规推动，无经济效益引导，无大规模人力、物力投入，使得我国铝电解废弃物资源化处置技术较为落后。无论是实验室研究，还是工业化实践，我国均落后于西方发达国家。近几年虽然时有废弃物处理项目见诸报端，但无论是生产工艺、管理水平、仪器设备，我国与发达国家仍存在不小的差距。此外，实验室研究与工业化实践存在脱节现象。尽管发表的科研成果逐年增加，但工业转化率仍较低，这主要受制于资金投入、经济效益等，较大的资金投入与不理想的收益回报制约了实验室科研成果的转化与落地。

1.3.3 资源化利用的意义

2020 年 9 月 30 日，习近平主席在联合国生物多样性峰会上指出：中国将秉持人类命运共同体理念，继续作出艰苦卓绝努力，提高国家自主贡献力度，采取更加有力的政策和措施，二氧化碳排放力争于 2030 年前达到峰值，努力争取 2060 年前实现碳中和，为实现应对气候变化《巴黎协定》确定的目标作出更大努力和贡献。这个承诺不仅表明了我国对全球气候环境问题的重视，也标志着我国转变经济增长方式、调整经济结构，向绿色经济转型的决心。

"双碳"背景下的铝电解行业，不仅需要在提升生产效率、降低二氧化碳排放的角度上下功夫，更需要在废弃物资源化综合处置与再利用领域上做文章。铝电解废弃物的循环再利用，可节省自然资源、缓解资源危机，有利于国家资源与能源战略推进以及环境保护国策的实施；可以降低企业环保投资、增强企业在原料市场的抗风险能力并获得一定的收益，且可以加强科研院所与企业间的交流合作，提升科研人员服务社会的能力。

因此，本书基于铝电解排放的主要废弃物的基本性质与危害，归纳总结并分析对比已有资源化循环利用的工艺与案例，探索铝电解行业废弃物综合处置工艺的发展趋势与铝电解行业的发展前景。

第 2 章
废阳极处理与再利用

2.1 阳极简介

作为铝电解槽主要构成部分及铝电解过程的主要反应物，炭阳极一般包括阳极炭块、钢爪、铝导杆及附件等部分。因导杆、升降装置等基本不变化，狭义上所说的炭阳极指的是阳极炭块。铝电解槽炭阳极主要分为预焙阳极和自焙阳极两类，预焙阳极导杆位于炭块上部，自焙阳极导杆从上部或侧部插入（分别称为上插自焙阳极和侧插预焙阳极）。

预焙阳极通常安装于电解槽上部，直流电流通过炭阳极导入电解质中。炭阳极电阻率为 $50 \sim 70~\mu\Omega \cdot m$，在生产过程中，加上导杆和接触点的电压分布，阳极上的电压降为 $300 \sim 500~mV$，占槽电压的 $10\% \sim 15\%$。阳极炭块底部与电解质接触并浸没于电解质中，发生复杂的阳极电化学反应，在此过程中炭参与阳极反应形成产物 CO 和 CO_2。在铝电解过程中，阳极炭块日均消耗 $1 \sim 2~cm$，因此需要定期更换预焙阳极以保证电解反应的正常进行。

当前主流的阳极炭块为长方体，在其导电方向上，表面有 $2 \sim 4$ 个深 $80 \sim 110~mm$、直径 $160 \sim 180~mm$ 的圆槽（俗称炭碗），用来安放阳极钢爪，钢爪上安金属导电杆，将阳极钢爪与炭块以磷生铁浇铸连接为一体，并组装为阳极炭块组。阳极炭块受铝电解槽电流大小影响而有不同尺寸，但电流密度一般为 $0.7 \sim 0.9~A/cm^2$。图 2-1 为阳极炭块示意图。

制备预焙阳极的主要组分为石油焦和沥青焦，以此为骨料，煤沥青为黏结剂。炭阳极经配料、混捏、成型、焙烧、组装等多个工序制备而成，生产工艺示意图如图 2-2 所示。

衡量阳极炭块的主要技术经济指标如表 2-1 所示。

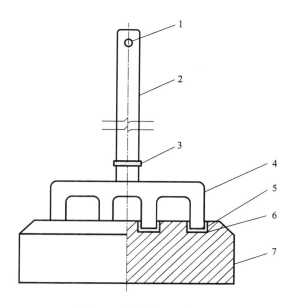

1—吊孔；2—金属导杆；3—爆炸焊块；
4—钢爪；5—磷生铁；6—炭碗；7—炭块。

图 2-1　阳极炭块示意图

表 2-1　预焙阳极指标(国际标准)

物化性能				微量元素		
项目	方法	单位	范围	项目	单位	范围
体积密度	ISO 12985-1	kg/dm^3	1.53~1.58	Ni	mg/kg	80~160
电阻率	ISO 11713	$\mu\Omega \cdot m$	52~60	Si	mg/kg	100~300
抗弯强度	ISO 12986-1	MPa	8.0~12.0	Fe	mg/kg	100~500
抗压强度	ISO 18515	MPa	32.0~48.0	Al	mg/kg	100~600
热膨胀率	ISO 14420	$10^{-6}/K$	3.57~4.50	Na	mg/kg	200~600
导热率	ISO 1298	$W/(m \cdot K)$	3.00~4.50	Ca	mg/kg	50~200
空气渗透率	ISO 15906	$nP \cdot m$	0.50~1.50	K	mg/kg	5~30
CO_2 反应性	ISO 12988-1	%	84.0~92.0	Mg	mg/kg	10~50
空气反应性	ISO 12989-1	%	70.0~85.0	F	mg/kg	100~400
				Cl	mg/kg	10~50

续表2-1

物化性能				微量元素		
				Zn	mg/kg	10~50
				Pb	mg/kg	10~50
				V	mg/kg	80~260
				S	%	1.20~2.40

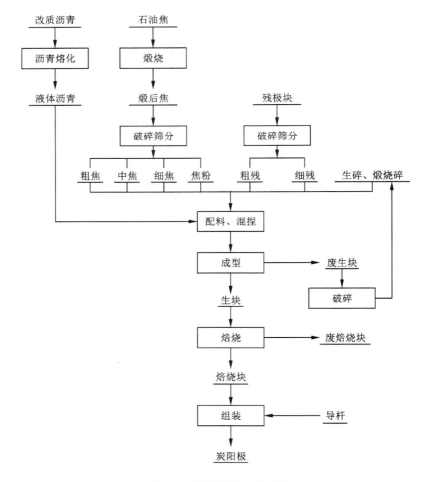

图2-2 炭阳极制备示意图

我国标准 YS/T 285—2007 中包括电阻率、抗压强度、灰分、热膨胀率、体积密度、真密度和 CO_2 反应性等指标，未包括导热率、空气渗透率、抗弯强度、抗折强度、空气反应性和微量元素等物化指标。随着炭阳极技术指标逐渐与国际接轨，我国又重新修订并发布了检测标准 YS/T 285—2012，如表 2-2 所示。在碳达峰、碳中和国家战略背景下，铝电解行业作为能耗大户，需要针对性开展 CO_2 减排工作，而炭阳极的 CO_2 反应性指标越来越受到行业从业人员和环保部门的重视；随着国家节能减排工作的深度推进，炭阳极相关指标如空气反应性、空气渗透率等将可能纳入减排考核体系。

表 2-2　炭阳极质量标准（YS/T 285—2012）

牌号	表观密度/ $(g \cdot cm^{-3})$	真密度/ $(g \cdot cm^{-3})$	耐压强度/MPa	抗折强度/MPa	CO_2 反应性/%	电阻率/ $(\mu\Omega \cdot m)$	热膨胀率/%	灰分/%
TY-1	1.55	2.04	35.0	8	≤83.0	57	>4.5	0.5
TY-2	1.52	2.02	32.0	8	≤73.0	62	>5.0	0.8

2.2　阳极消耗

当前铝电解所用的炭素阳极为预焙阳极，以石油焦、沥青为骨料，掺杂黏结剂煤沥青，经配料、混捏、成型、焙烧、组装等工序制备而成。

铝电解中，电流通过阳极导入电解质，炭阳极参与电化学反应并生成了阳极气体 CO_2、CO，其主要反应见方程式（1-1）、（1-2）。根据方程式（1-1）、（1-2）计算，每生产 1 t 铝消耗的炭理论值为 333~666.7 kg，所以阳极需要定期更换，实际吨铝炭素阳极消耗量为 450~600 kg。

表 2-3 为炭阳极在铝电解生产过程中的消耗情况。在消耗过程中，因阳极生产质量、电解过程的工况波动等，阳极炭块不仅会脱落部分炭渣进入电解质中，还可能产生较大的碎块。此外，阳极炭块上部的钢爪是深入炭块内部的，阳极炭块不能被完全消耗而产生残极。残极、炭渣、碎块等未参加电化学反应的炭使得吨铝实际炭耗高于理论值。

阳极消耗与阳极理化性质、电流密度有关。

阳极密度是影响其消耗速率的主要因素之一。同一企业需要的阳极高度相对固定，因此在混料、成型、焙烧过程中会对阳极质量产生一定的影响，反映到密度上即质量大的阳极密度同样大，体积相同的阳极密度大而孔隙率低，导热系数随之增大，有利于增大电解升温速率，降低阳极消耗速率。若阳极密度降低，则孔隙率增大,预焙阳极炭块疏松度增强,机械强度降低,导电性能降低、比电阻升高,生产过程中空气与阳极气体 CO_2、CO 等易渗入炭块,增加了阳极氧化损失与炭渣产生量,最终使得阳极消耗速率增大。

表 2-3　预焙阳极消耗情况

项目	参数
阳极总消耗	470~480 kg/t-Al
残极产生量	100~110 kg/t-Al
炭渣、脱落块质量	10~15 kg/t-Al
残极清理产生的废料质量	5~8 kg/t-Al
阳极净消耗	350~368 kg/t-Al

阳极电流密度是通过阳极横截面上单位面积的电流强度,一般以 A/cm^2 为单位。因阳极横截面固定,电流密度随电流强度变化。阳极气体主要为 CO_2 和 CO,而阳极气体的构成直接受阳极电流密度的影响。有研究发现当电流密度高于 $0.3\ A/cm^2$ 时,阳极气体以 CO_2 为主,当电流密度小于 $0\ A/cm^2$ 时,阳极气体以 CO 为主。图 2-3 中详细描述了阳极气体 CO/CO_2 比率(物质的量)随电流密度的变化趋势,同时展示了阳极过量消耗量与电流密度之间的关系。阳极气体 CO/CO_2 比率变化导致阳极发生选择性氧化,加剧炭渣的脱落,增加吨铝阳极炭耗。由图 2-3 中曲线可知,电流密度增大,CO 产生量随之减少,炭反应主要生成

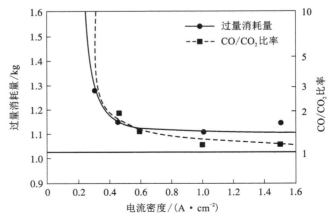

图 2-3　电流密度对阳极气体与消耗量的影响

气体为 CO_2，阳极消耗更加均匀，炭渣脱落量相对减少；但电流密度也不能够无限增大，一是强电流会导致电解质温度升高、槽况更加复杂，二是电流密度增大会增加阳极上热负荷、提高阳极温度，气体析出速率和析出气泡的体积均增大，阳极抗冲刷能力较差。

式（2-1）为阳极消耗速率计算方程。

$$\eta = C + \frac{334}{C_E} + 1.2(T - 960) - 1.7R_{CO_2} + 9.3A_P + 8\sigma - 1.55R_{空} \quad (2-1)$$

式中：η 为阳极净消耗量，kg/t-Al；C 为电解槽系数；C_E 为电流系数，%；T 为槽温，℃；R_{CO_2} 为 CO_2 中反应质量剩余率，%；A_P 为透气率，nP·m；σ 为导热系数，W/(m·K)；$R_{空}$ 为空气中反应质量剩余率，%。

研究表明，阳极焙烧温度、电解槽温度、杂质对 CO_2 和空气的反应性、透气率、导热性能等均可能对阳极消耗产生影响。

阳极焙烧温度在 850～1300 ℃之间升高时，阳极抗氧化性随温度升高而增强，可降低阳极在电解槽中的消耗量。

电解槽操作温度对阳极消耗具有显著影响，一般电解质温度每升高 10 ℃阳极消耗量随之增大约 2%。

杂质元素在氧化反应过程中，通过催化或反催化作用间接影响阳极消耗。

空气反应性、二氧化碳反应性、透气率、导热系数等均可以影响阳极净消耗量，空气反应性、二氧化碳反应性可降低阳极消耗量，透气率、导热系数推动阳极消耗量增长。

2.3　残极

在电解槽中使用阳极炭块，电化学反应的消耗速度为 1.6～2.2 cm/d。残极就是指预焙阳极在电解槽上达到使用周期（28～33 d）后剩余的部分。由于需要通过铝导杆和钢爪将阳极悬挂在电解槽上，为了确保阳极钢爪不被电解质腐蚀，避免污染铝产品质量，当阳极使用剩余 13～15 cm 时，需定期把剩余的阳极炭块吊出，换上新的炭块组。吊出的阳极炭块即为残极，如图 2-4 所示。一个年产 30×10^4 t 铝的电解铝厂每年残极的返回量大约 3×10^4 t。

2.3.1　换极

更换阳极是一项周期性工作，研究阳极消耗速率也是一项系统性工程，阳极更换周期计算公式为

换极周期 = 阳极有效高度÷阳极消耗速率 =

（阳极总高度－残极高度）÷阳极消耗速率 　（2-2）

图 2-4　残极吊出示意图

　　根据式(2-2)可知,在阳极总高度固定的前提下,换极周期与阳极消耗速率成反比,消耗速率快换极周期短;与残极高度成反比,残极高度大换极周期短。

　　当残极高度较大时,大量炭阳极未参与电解反应而形成残极,导致吨铝炭耗量增大;当残极高度过小时,易出现涮钢爪、阳极因电解质浸泡而呈疏松状态等问题,使得电解质中炭渣含量升高、铝液中铁含量升高。图 2-5 为刚出槽高度过小形成的残极图。

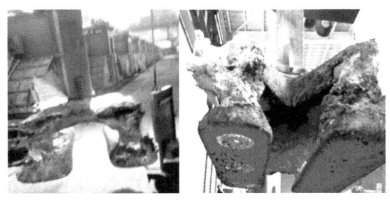

图 2-5　残极瘦小(左)与穿底(右)

2.3.2 残极危害

在铝电解生产过程中，阳极长期浸泡于高温、高碱性电解质中，使得残极中含有大量的电解质成分，主要非碳元素有铝、氟、钠、钾等，且熔融电解质黏附在残极表面冷却后形成了硬壳。

从铝电解槽内取出的残极经过冷却、清理、压脱、破碎、筛分以后，返回阳极生产，生产过程中预焙阳极表面长期与阳极覆盖保温料接触，在高温作用下，电解质渗入阳极表面。因此，应先清除残极表面的电解质硬壳，再用残极压脱机使残极与导杆分离。残极清理后，经过破碎、筛分，分成不同的粒径，方可在阳极生产过程中重新利用。

残极在冷却过程中产生的有害气体、清理过程中产生的粉尘等是其对铝电解车间产生的主要危害。

残极冷却时间较长，一般为几小时甚至 10 h 以上，冷却过程中残极在高温状态与空气中的水接触反应产生氟化氢气体，常见于残极出槽后的 30 min 内。图 2-6 所示为残极冷却过程中烟气排放量与温度之间的关系。

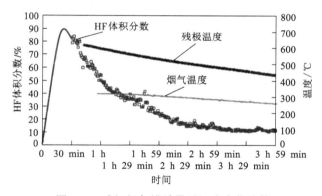

图 2-6 残极烟气排放量随温度变化趋势

残极氟排放量为 0.06~0.1 kg/t-Al，排放量与所带出的电解质质量成正比。

通过封闭设备测试发现，残极在出槽 5~8 min 内可逸出 0.02 kg/t-Al 的 HF 气体，在 10 h 内可能逸出 0.2 kg/t-Al 的 HF。图 2-7 为残极中不同时间 HF 排放速率。

若残极选择人工清理，则存在劳动强度大、环境污染严重、工作效率低等弊端，会对工人的身体健康产生极大危害。粉尘危害是固体废弃物处理中常见的环境威胁，此处不再赘述。

阳极残极中除炭质材料外，Al、Fe、Na、F 等杂质占残极灰分含量近 90%，这

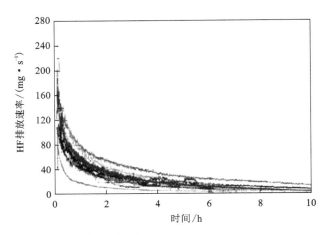

图 2-7 残极中不同时间 HF 排放速率

其中含有的氟化钠、冰晶石等有毒有害物质可对环境生态和人体产生极大威胁；且氟化钠为易水溶物质，若随雨水进入地表水、地下水、土壤中，将对环境产生持续性、长期性、难以恢复的不利影响。

选择贵州 4 家不同铝电解企业排放的阳极残极与残渣进行可溶毒性物质浸出鉴别，表 2-4 中为残极浸出液中可溶氟化物质量浓度。

表 2-4 残极浸出液中可溶氟化物质量浓度 单位：mg/L

企业	样品 1	样品 2	样品 3	样品 4	样品 5	样品 6	样品 7	样品 8
A	67	72	82	69	81	96	92	96
B	61	58	61	58	63	56	51	50
C	80	71	86	83	86	90	70	92
D	68	71	77	93	97	62	59	58

4 家铝电解厂排放的阳极残极中可溶氟离子平均质量浓度分别为 81.88 mg/L、57.25 mg/L、82.25 mg/L、73.13 mg/L，虽低于国家标准《危险废物鉴别标准 浸出毒性鉴别》(GB 5085.3—2007) 中规定的危险废弃物鉴别标准，但远超过《生活饮用水卫生标准》中氟离子含量标准 (1.0 mg/L)。根据这一鉴定结果，残极可作为一般固体废弃物处理，但铝电解厂不能无组织、无保护地随意丢弃、露天堆放阳极残极。

2.4 残极综合利用

残极一般分为软残极和硬残极两类。硬残极性能指标与预焙相接近，这主要是电解质侵蚀程度低导致，而软残极因受侵蚀程度高，性能指标下降严重。硬残极因电解质的渗入而导致其灰分增多，研究测量其耐压强度比预焙阳极平均强度下降 8% 左右，除此之外的性能指标与预焙阳极指标相差无几。作为多孔材料，炭阳极在电解过程中受到氧化性气体、熔融电解质等不间断地渗透侵蚀，使得其内部疏松，表面炭渣脱落。残极经过高温焙烧，其机械强度比石油焦高、气孔率更低，因此残极制作碳素材料可以有效提升所制备材料的理化性能。

经表面清理后进行破碎分级，按不同粒径在阳极炭块制备过程中作为添加料循环利用是当前铝电解阳极残极的主要利用途径。残极理化性能与添加量对新制备的阳极炭块机械强度、空气反应性、电解质渗透性、气孔率等物理性能指标均有直接影响。一般来说，残极以 5~15 mm 的粒径添加入阳极生产过程中。

残极作为阳极生产原料的优势如下：

（1）性能

阳极是石油焦与沥青混捏、焙烧而成，高温焙烧使得阳极晶体结构优化；残极结构致密，强度、硬度高于石油焦，孔度、渗透率低于石油焦。生产实践发现，阳极生产中添加残极量 16% 以上时，所得阳极体积密度、抗压强度等满足行业要求（1.6 g/cm³、32 MPa）。

（2）成本

作为铝电解的固体废弃物，残极价格远低于煅后石油焦，一般每吨残极具有近千元的成本优势。因此，在阳极生产过程中，在不影响阳极理化性能的前提下，尽可能多地添加残极可以有效降低生产成本。一般来说，商用阳极残极添加量较少，但与铝电解车间配套的炭素阳极厂残极添加比例相对较高，部分企业残极添加率可达 40%。

（3）环保

残极不及时处理，不仅需要大面积的堆积区，还可能产生有害气体。因此，阳极生产添加残极具有较高的环保优势。

残极作为阳极生产原料的劣势如下：

在服役过程中，阳极炭块处于 950 ℃ 以上的高温环境中，易与空气中的氧气发生氧化反应，氧化反应可能导致阳极炭块内部孔隙增大、体积密度降低、疏松度增大，这部分残极可称为质量差的残极。

此外，阳极炭块底部处于高温熔融态电解质中，电解质可能向阳极内部渗透，导致残极灰分含量高（>5%），灰分中主要杂质元素为 Na、Fe、Si 等，这些杂质元素可能导致新制备的阳极炭块空气还原性和 CO_2 还原性增强，还可能影响阳极的电导率。

山西华圣铝业公司实践了高残极配方制备阳极炭块，将残极配比由 20% 提高至 30%，混捏温度、时间不变，成型振动时间为 70~75 s，可制得一批炭阳极；在此基础上，继续提高残极率至 35%，振动时间 60 s 内可制得一批炭阳极。表 2-5 为不同残极配比制得的炭阳极指标。

表 2-5　不同残极配比制得的炭阳极指标

残极率/%	电阻率/($\mu\Omega\cdot m^{-1}$)	灰分/%	耐压强度/MPa	表观密度/($g\cdot cm^{-3}$)	真密度/($g\cdot cm^{-3}$)	等级
20	52	0.33	35	1.55	2.02	TY-1
20	56	0.35	37	1.57	2.03	TY-1
30	55	0.45	36	1.60	2.05	TY-1
30	53	0.42	38	1.59	2.05	TY-1
35	55	0.52	43	1.63	2.07	TY-2
35	53	0.55	46	1.59	2.06	TY-2

表 2-6 为高残极阳极在电解槽中的运行情况。

表 2-6　电解槽使用高残极阳极运行情况

指标	使用前	使用后
单槽铝产量/($t\cdot d^{-1}$)	2.27	2.30
平均电流/kA	304.75	308.62
电流效率/%	92.64	92.55
效应系数	0.19	0.20
平均电压/V	4.12	4.05
阳极净炭耗/($kg\cdot t^{-1}$-Al)	418.97	411.09
生块残极单耗/($kg\cdot t^{-1}$-Al)	217.07	301.77
石油焦单耗/($kg\cdot t^{-1}$-Al)	846.50	733.32

专利 CN 113336550 A 公开了河南中孚铝业公司应用残极制备阳极的新方法，石油焦煅烧并破碎，与残极、生碎按质量比 71∶26∶3 的比例加热预混合后与骨

料、沥青混捏成型，混捏好的糊料强力冷却，加入铝导杆支架制成生阳极炭块，再经焙烧处理得到铝用阳极炭块。该发明在阳极制备过程中，在炭块上开孔以排出铝电解过程中产生的阳极气体、降低电压降，最终实现低能耗、低碳排的效果。同时，可通过气孔向阳极炭块通入甲烷等气体代替炭阳极气体，以减少炭的消耗。多孔铝用炭阳极没有更多相关实践应用报道。

新疆众和公司以残极为掺配原料，制备有碳素功能材料之称的电极糊。选择传统工艺颗粒料(电煅煤)、粉料(煅烧石油焦)、黏结剂(改质沥青和蒽油)通过筛分、配料、混捏、成型制备电极糊。通过不同粒径、不同质量的残极替代电煅煤研究残极掺配对电极糊性能的影响。研究发现，在粒径为 8~20 mm、掺配比例为 20% 时可以获得具有良好耐压强度和体积密度的电极糊，且其电阻率和灰分明显降低。电极糊制备过程中添加残极可以降低生产成本，但因为残极含有铝电解质组分，若不清理干净极易对制得的电极糊性能产生负面影响。

2.5　阳极发展趋势

2.5.1　异型阳极

阳极顶面结构可分为四种类型，即直角型、棱角型、圆弧型、波浪型，如图 2-8 所示。

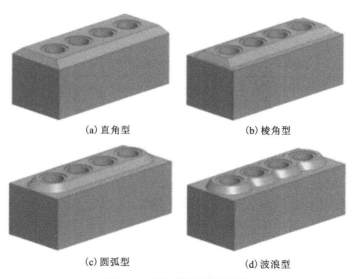

(a) 直角型　　　　　　　　　　　(b) 棱角型

(c) 圆弧型　　　　　　　　　　　(d) 波浪型

图 2-8　阳极炭块顶面结构

通过 Ansys 多物理场耦合软件对不同类型的阳极电流分布、电压降、温度分布、热应力分布进行模拟分析,根据多角度分析对比发现,顶部结构对阳极电流分布和温度分布影响较小,波浪型阳极炭块在四种类型中分布最为均匀,但四类阳极的温度、电流、电压、热应力等分布差异并不明显。改变炭阳极外观几何形状一定程度上可优化铝电解槽运行的工艺条件。表 2-7 为电压降计算结果。

表 2-7 阳极炭块电压降结果

类型	压降/mV		
	高位值	低位值	压降值
直角	561.03	336.41	224.62
棱角	557.57	336.76	220.81
圆弧	556.90	336.82	220.08
波浪	552.33	333.23	219.10

张旭贵通过增加阳极炭块高度(660 mm→665 mm)、优化顶部形状(棱角型→波浪型)、降低炭碗深度(130 mm→125 mm)、底部开槽,仿真模拟了阳极炭块的工作状态。模拟条件:电解质温度为 955 ℃、阳极电流密度为 0.749 A/cm²、电解质水平为 18 cm、电解质导电率为 2.22 S/cm、铝水平为 32 cm、极上覆盖料厚度为 25 cm。图 2-9 为优化前后阳极炭块上电压降分布。对优化后阳极炭块进行了工业试验,统计了铝电解槽技术经济指标,结果见表 2-8。

表 2-8 阳极结果优化对铝电解槽指标的影响

指标	平均电压/V	电流效率/%	直流电耗/(kW·h·t⁻¹-Al)	阳极毛耗/(kg·t⁻¹-Al)
优化前	3.965	91.66	12891	485
优化后	3.970	91.76	12893	473
差值	0.005	0.10	2	−12

专利 CN 105543894 A 公开了一种无残极产生的铝电解用炭素阳极,示意图如图 2-10 所示,其中 15 为本体炭块,本体炭块上部有 T 形连接凸头(19),凸头两侧有承力肩(17),底部设有与炭块上部 T 形连接凸头(19)配合使用的炭块下部 T 形连接凹槽(11),炭块下部 T 形连接凹槽(11)的底部设有 T 形连接凹槽钩承力肩(18)。该发明的发明人在说明书中指出该新型炭阳极可实现阳极炭块的 100% 消耗,无残极产生,但无相关实践应用报道。

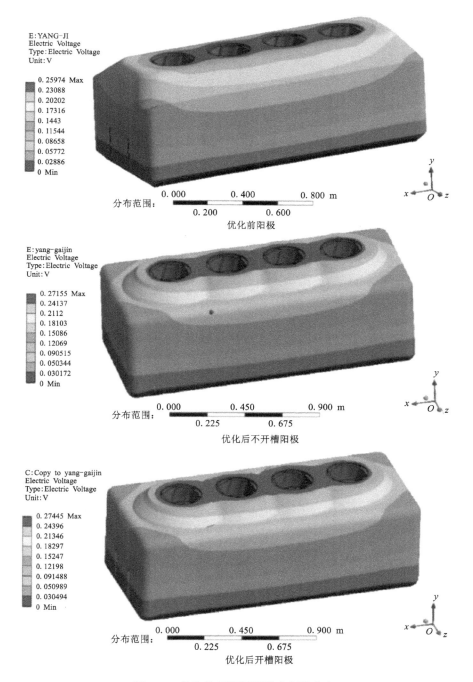

图 2-9　优化前后阳极炭块电压降分布

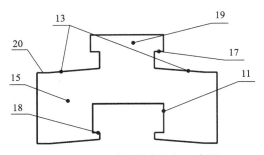

图 2-10 无残极炭素阳极示意图

2.5.2 阳极防氧化技术

阳极消耗过程中，除参与电化学反应的正常消耗外，与 CO_2、空气中的 O_2 等产生的氧化反应以及机械脱落是其额外消耗的主要构成部分，而机械脱落主要是阳极严重氧化导致的"掉渣、掉块"。提升铝电解炭素阳极的抗氧化性能也是降低阳极消耗、提高经济效益的有效途径之一。

当前行业从业人员针对阳极炭块防氧化开展了一系列研究，提出了多类防氧化技术，除从原料源头开始选择低微量杂质元素的优质石油焦、添加降低阳极空气反应性与二氧化碳反应性的添加剂、优化焙烧工艺、改良炭阳极制备配方等方法外，还可以选择阳极抗氧化防腐蚀喷涂工艺。主要的喷涂材料有氧化铝基喷涂料、纳米陶瓷基涂料等。

王博一以 3.2 kg 涂层料在每块阳极表面喷涂厚约 1 mm 的纳米陶瓷基高温防氧化涂层，如图 2-11 所示，并将喷涂后阳极炭块在青海某铝厂进行了工业试验，

图 2-11 喷涂防氧化层的新极

表 2-9 中为防氧化阳极与对比阳极在电解槽中进行铝电解反应后(换极周期为 33 d)产生残极的性能对比结果。喷涂有纳米陶瓷高温防氧化层的炭阳极具有吨铝炭耗降低、炭渣量明显降低(降幅约 55%)、可延长换极周期(24～32 h)等优势,但涂层材料引入部分硅元素导致原铝中硅含量略有升高(正常值内),原铝质量未受影响。以年产 30×10⁴ t 电解铝进行经济效益评估,若延长换极周期 24 h,直接经济效益增加 813.59 万元;若延长换极周期 32 h,年直接经济效益增加 1284.69 万元。

表 2-9　防氧化阳极与对比阳极排出的残极指标

项目	防氧化阳极	对比阳极	差值
残极长/mm	1547.3	1531.7	15.6
残极宽/mm	625.0	611.5	13.5
残极高/mm	545.4	529.7	15.7
实际消耗高度/mm	441.1	458.9	-17.7
角部氧化率/%	3	19	-16
高度离散度/%	0	1	-1
高度最小(10%)/mm	19.3	20.2	-0.9

注:高度最小 10% 指所有测量残极高度最薄的 10% 的残极的平均高度。

李玲等以工业氧化铝粉、非晶石英粉、碳化硼、拟薄水铝石、氟化钠、环氧树脂、硅酸钠(硅酸钾)等为原料,合成炭阳极用耐腐蚀防氧化喷涂材料,表 2-10 为涂层材料配方表。将防氧化材料涂于石墨电极表面,厚约 0.5 mm,常温表干后在 150～200 ℃烘干 2 h,冷却至室温后再于高温炉中 1000 ℃保温 2 h,观察涂层附着与电极表面氧化情况。

表 2-10　涂料配方　　　　　　　　　　单位:%

氧化铝粉	碳化硼	拟薄水铝石	硼酸盐	非晶石英粉	氟化钠	氟化铝	悬浮剂	铝粉	环氧树脂	碱性酚醛	硅酸钠	硅酸钾	水
20～30	5～15	5～10	5～10	5～10	10～20	10～20	1～3	1～5	10～30	3～5	10～15	10～15	适量

研究发现,该涂层材料具有附着力好、高温致密性好等优势,可以有效隔绝炭素阳极与外界氧气的接触反应;抗氟化物腐蚀性强,可有效防止高温熔渣对涂层的腐蚀;可实现吨铝炭耗降低 16 kg,节约了铝电解生产成本,减少了温室气体排放。

李贺松等也开展了阳极抗氧化涂层对铝电解过程中吨铝炭耗影响的相关试验研究。将甲基纤维素与溶剂混合，加入耐高温防氧化材料并搅拌均匀，喷涂于阳极四周与凸台，厚度为 0.8~2 mm，选取 13 台试验槽(换极周期为 34 d)、25 台对比槽(换极周期为 33 d)进行防氧化阳极试验。图 2-12 为吨铝炭耗变化趋势图。试验发现，通过防氧化喷涂的阳极 34 d 排出的残极比未经防氧化喷涂的阳极 33 d 排出的残极平均高 0.97 mm、平均宽 22.86 mm，且图 2-12 中可明显看出防氧化阳极槽中炭渣质量明显减少(减少量约 15 kg/t-Al)，表明防氧化喷涂可延长炭素阳极使用寿命、减少炭渣脱落量。

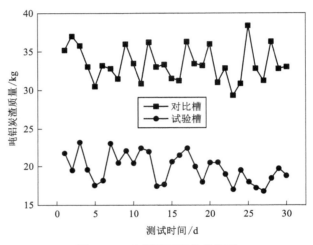

图 2-12　吨铝炭耗变化趋势图

2.5.3　惰性阳极

在铝电解过程中，阳极以石油焦、沥青焦为骨料、煤沥青为黏结剂制备而成，其主要构成为炭。炭素阳极在铝电解生产过程中存在着综合能耗高(吨铝直流电耗高于 13000 kW·h)、炭耗高(吨铝炭耗近 500 kg)、环境污染严重(吨铝产生 CO_2 超 1.5 t)、工艺操作复杂(换极、捞渣)等弊端。惰性阳极是科学家寻求替代炭素阳极以实现低能耗、高效率、无污染生产电解铝的研究对象。若采用惰性阳极铝电解工艺，电解过程中，阳极不再产生 CO_2 气体而是 O_2，将极大减少环保压力。

惰性阳极需满足以下四个条件方能实现工业化应用。

①抗氧气腐蚀渗透与抗氟化能力。

②电流密度 0.8 A/cm² 条件下极化电位小于 0.5 V，腐蚀率低于 30 mm/a。

③槽电压低于炭素阳极槽电压,析氧反应过电位低。

④导电性、机械性能好,易加工成型,价格低廉。

当前惰性阳极主要分为金属合金、氧化物陶瓷、金属陶瓷三大类。

（1）金属合金类

金属合金类惰性阳极具有综合力学性能优良、导电性好、抗震能力强、易加工、易导电连接等优点,但在 700 ℃ 以上高温熔盐中耐腐蚀性较差。金属合金类惰性阳极主要为 Ni-Fe、Ni-Cu-Fe、Cu-Al 等。

Ni-Fe 合金具有高温抗氧化性强、熔体稳定性强等优势。Chapman 等研究了不同组分的二元 Ni-Fe 合金在 960 ℃ 的冰晶石-氧化铝熔体中进行短期恒流电解时的阳极行为。在电解之前,阳极先在 800 ℃ 氧化 48 h 形成保护层以减少机械磨损和氧化作用。镍质量分数为 50%~65% 的阳极可在短期电解期间充分运行,工作电压为 3~3.5 V,但运行过程电压出现突然降低现象。Fe_2O_3 和 Fe-Ni-O 为氧化层的两种主要成分,氧化动力学符合抛物线规律、970 ℃ 时氧化速率常数为 9.568×10^{-4} $kg^2/(m^4 \cdot h)$。在实验室透明电解槽中研究了预氧化和未氧化的 Fe-Ni 合金在冰晶石-氧化铝熔体中的阳极行为。在预氧化阳极上小气泡迅速释放（图 2-13）,而在非氧化阳极上没有气泡产生,熔融电解质很快变得不透明。这些结果证实了 Ni-Fe 合金的制备有利于提高其耐蚀性。

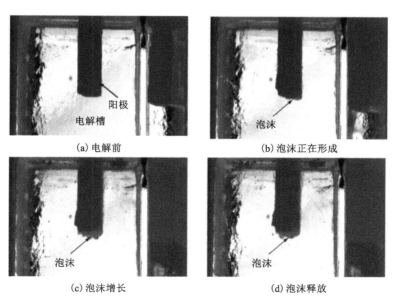

图 2-13 电流密度 1.5 A/cm² 下预氧化阳极上气泡演化过程

Ni-Cu-Fe 合金惰性阳极因表面氧化层中含有 $NiFe_2O_4$、NiO 等使得惰性阳极具有抗氧化、抗氟化等耐腐蚀能力。冰晶石熔体中该类合金氧化过程分为两部分：一是 O 向电极内扩散形成 $NiFe_2O_4$，二是电极含有的 Cu 向外扩散氧化成 CuO 并溶解于熔体中。$NiFe_2O_4$ 可以提升阳极的抗氧化能力，但 Cu 的扩散导致阳极质量损失。掺加 La 元素可以有效抑制 Ni-Cu-Fe 合金惰性阳极中 Cu 的外扩散并促进 $NiFe_2O_4$ 的生成。图 2-14 为制备的 $Cu_{52}Ni_{30}Fe_{18}$ 在 850 ℃熔体中以电流密度 0.75 A/cm^2 运行 24 h 得到的腐蚀层 SEM 图。当 La 添加量为 0.5%时可形成超过 100 μm 的 $NiFe_2O_4$ 层，腐蚀速率测定为 18~19 mm/a。

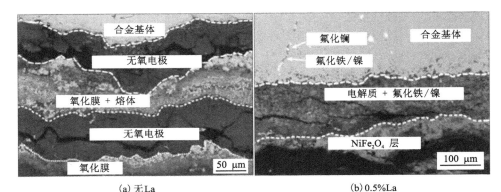

(a) 无 La   (b) 0.5% La

图 2-14 $Cu_{52}Ni_{30}Fe_{18}$ 合金阳极腐蚀层 SEM 图

（2）氧化物陶瓷类

氧化锡（SnO_2）和铁酸镍（$NiFe_2O_4$）类陶瓷作为惰性阳极材料，优势与缺点皆较为明显：在铝电解质中溶解度小，且具有较好的电化学稳定性，但该类陶瓷材料导电能力较弱。

SnO_2 在冰晶石中溶解度为 0.08%（1035 ℃），添加 CuO、Fe_2O_3、CeO_2、Sb_2O_3、ZnO、In_2O_3 等可以改善 SnO_2 基惰性阳极的高温导电性能和材料强度。在 940~960 ℃电解质中，对 SnO_2-Sb_2O_3-CuO 陶瓷阳极进行电解试验，电流密度为 0.7~0.8 A/cm^2，发现极距可缩至 2~3 cm，较使用炭素阳极时电流效率提升了 91.5%。

$NiFe_2O_4$ 基陶瓷惰性阳极虽韧性和抗热震性差，但其具有良好的抗熔盐腐蚀性，这一性能使得 $NiFe_2O_4$ 基陶瓷成为惰性阳极材料的研发热点。马俊飞对陶瓷表面进行金属化，分别制得了 Cu、Ni 镀层 $NiFe_2O_4$ 颗粒，高温烧结难以构建 Cu 基金属网状结构，但向试样中添加 Ni 粉可以稳固 Ni 颗粒网状结构。金属 Ni 网状结构有利于提升 $NiFe_2O_4$ 基陶瓷惰性阳极的常温导电性。Wang 等采用两步粉末压实烧结工艺制备了掺杂 TiO_2 的 $NiFe_2O_4$ 陶瓷基惰性阳极，采用 Brook 晶粒长大模型对等温烧结过程中的晶粒长大进行了分析，在双室透明石英电解槽中研究了阳极的气泡行为。结果表明，晶粒长大动力学指数随温度升高而降低，对于 1.0% TiO_2 掺杂的样品，晶粒生长的平均活化能由 675.30 kJ/mol（1373 K）降至 183.47 kJ/mol（1673 K）。阳极底面释放前气泡的直径随电流密度的增加而减小，在相同电流密度下碳阳极释放的气泡平均尺寸比 $NiFe_2O_4$ 阳极大。$NiFe_2O_4$ 基陶瓷惰性阳极电解腐蚀行为受电流密度影响，$NiFe_2O_4$ 基陶瓷阳极在电流密度 $0.2 \sim 1.2$ A/cm^2 时高温稳定性好，电流密度为 1.4 A/cm^2 时阳极电化学腐蚀严重导致槽电压波动幅度大。

（3）金属陶瓷类

由金属合金和氧化物陶瓷构成，兼具金属的导电能力和陶瓷的抗熔盐腐蚀性能，是一种极具工程应用潜力的惰性阳极材料。

$M/NiFe_2O_4$ 是目前发展较为成熟的金属陶瓷类惰性阳极材料体系。NiO 为陶瓷相中常见的添加剂。在 $Na_3AlF_6 - Al_2O_3$ 熔体中，对比不同烧结气氛下制备的 $17Ni/(NiFe_2O_4 - 10NiO)$ 陶瓷惰性阳极的耐蚀性，结果表明，真空和含氧量 0.002（体积分数）气氛中所得 $NiFe_2O_4$ 基陶瓷阳极腐蚀速率分别为 64.6 mm/a、27.1 mm/a。从电极内部到表面，在不同气氛下烧结的阳极有明显的结构变化。电解后阳极表面和内部之间有一个多孔层，也可称为"过渡层"，金属相 Ni 在"过渡层"消失并留下一些孔或洞，如图 2-15 所示。

向 $NiFe_2O_4$ 基惰性阳极掺杂 TiN 可提升其性能，氩气气氛中添加 TiN 在 1300 ℃烧结可有效提升试样的收缩率、抗弯强度、导电性能、抗热震性能。表 2-11 为氩气气氛中烧结过程可能发生的化学反应。

表 2-11　氩气气氛中 $Fe_2O_3 - NiO - TiN$ 体系可能发生的反应

反应方程式	$\Delta G/(J \cdot mol^{-1})$	温度范围/K
$4NiO(s) + 2TiN(s) = 4Ni(s) + 2TiO_2(s) + N_2(g)$	$-251458 - 98.786T$	$298 \sim 2143$
$3NiO(s) + TiN(s) = 3Ni(s) + TiO_2(s) + NO(g)$	$205142 - 206.106T$	$1050 \sim 1100$
$4Fe_2O_3(s) + 6TiN(s) = 8Fe(s) + 6TiO_2(s) + 3N_2(g)$	$-339322 - 63.214T$	$298 \sim 2143$
$12Fe_2O_3(s) + 2TiN(s) = 8Fe_3O_4(s) + 2TiO_2(s) + N_2(g)$	$-254806 - 53.754T$	$298 \sim 1735$
$N_2(g) + 8Fe(s) = 2Fe_4N(s)$	$-22176 - 98.452T$	$273 \sim 900$
$Fe(s) + Fe_2O_3(s) = 3FeO(s)$	$9371 - 67.53T$	$298 \sim 1650$
$Fe(s) + NiO(s) = FeO(s) + Ni(s)$	$-31464 - 25.272T$	$298 \sim 1650$

续表2-11

反应方程式	$\Delta G/(\text{J·mol}^{-1})$	温度范围/K
$2Fe_4N(s)+12NiO(s)\!=\!\!=\!4Fe_2O_3(s)+12Ni(s)+N_2(g)$	$-392876+47.672T$	$298\sim1735$
$3NiO(s)+TiO_2(s)\!=\!\!=\!Ni_3TiO_5(s)$	$-1200614.05+64.589T$	$298\sim1700$
$NiO(s)+Fe_2O_3(s)\!=\!\!=\!NiFe_2O_4(s)$	$-19900-3.77T$	$855\sim1700$
$Fe(s)+Ni(s)\!=\!\!=\!FeNi(s)$		

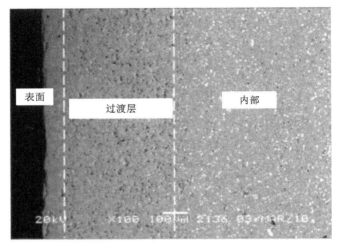

(a) 含氧量为0.002（体积分数）气氛中制备的阳极

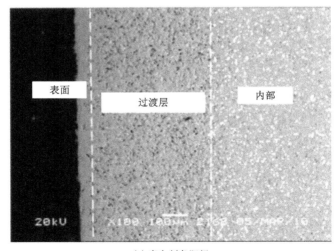

(b) 真空制备阳极

图 2-15 阳极电解后的 SEM 图

　　铝电解惰性阳极因其良好的环保、经济成本受到国内外研究人员的青睐。2010 年至 2021 年期间，Elysis、Alcoa、Rusal、Rio Tinto 等企业公开的与惰性阳极铝电解技术相关的美国、俄罗斯、欧洲国家及其他国家专利有 40 余项（CNKI 检索），其中 2015 年以后公开的专利数量占总发明量的 71%，欧洲国家的专利数量最多，占比为 41.1%。惰性阳极技术专利涉及阳极材料、电连接、电极排布、电解槽结构、电解槽热防护、喂料系统、气体回收等诸多领域，有超过 1/5 的专利与惰性阳极材料相关，且多为金属合金和金属陶瓷类。其中，早年的金属合金类阳极以 Cu、Fe 合金为主，通过添加 Ni、Al 等元素进行成分优化，并以铸造或粉末冶金工艺完成制备，如 CA2075892A、US5006209A 公开的 Cu-Ni 合金阳极，EP1244826A、CA2393429A 等专利所述的预氧化 Ni-Fe 合金阳极，以及 EP0783597A、US2007278107A、CA2524848A 中的 Fe-Cu-Ni 合金阳极。金属陶瓷类惰性阳极多采用 $NiFe_2O_4$ 陶瓷为基体，通过粉末冶金工艺路线进行制备，如 EP3161187B1、US20180073109A1 及 US20170130351A1 等专利中，均对尖晶石基金属陶瓷的成分和组成进行了详细的优选。此外，一些特殊复合结构的惰性阳极也被公开，如美国专利 US5725744 公开的一种将惰性阳极与可润湿阴极相结合的竖式双结构电极、US6562224A 中的一种具有氧化物陶瓷外壳结构的 Ni-Fe 基合金阳极多层结构电极等。从发展趋势上来看，国外惰性阳极材料的专利数量在近些年来呈逐渐上升的趋势，说明上述企业正加快惰性阳极技术开发和研究的进程。在"双碳"背景下发展惰性阳极是铝电解行业大幅降低能耗、炭耗、温室气体排放的有效途径。

第 3 章
炭渣处理与再利用

3.1 概论

3.1.1 炭渣来源

在铝电解过程中，有 12~16 cm 的炭阳极在服役阶段一直浸泡于电解质中进行电化学反应，但由于受到原材料性质、焙烧工艺等多方面影响，阳极并非完全致密的炭块，中间有密集的孔隙结构；浸泡于电解质中受到电解质腐蚀、电解质冲刷、电流冲击、炭与空气中氧气及阳极气体 CO_2 的氧化反应、电解工艺条件、现场操作质量等多因素影响，阳极上部分炭质材料未参与阳极电化学反应而脱落掉入电解质，即为炭渣。据统计，每生产 1 t 电解铝将产生阳极炭渣 5~15 kg，我国 2021 年原铝产量为 $3884×10^4$ t。

炭渣来源主要分为三部分：

①电解槽运行过程中阳极炭块表面氧化脱落，这是炭渣的主要来源。

②阳极原料石油焦中含有的微量元素 Ni、Na、V 等对炭阳极 CO_2 反应性和空气反应性有催化作用，炭素材料不均匀燃烧并选择性氧化，使得高残极与边部保温料中间产生缝隙，阳极表面因高温而易氧化脱落，这也是炭渣的主要来源之一。

③在电解槽运行过程中，因高温铝液侵蚀冲刷、钠离子与碳反应等导致阴极炭块表面形成疏松多孔而剥落。

④阳极制备工程中原料质量原因或制备工艺原因导致的阳极质量不过关，在生产过程或换极过程中也存在炭颗粒掉入电解槽形成炭渣的现象。

炭渣的产生受阳极质量、电解质过热度等影响较为明显。电解质过热度与炭渣质量成反比，当过热度高时炭渣产生量低，同时电解质中炭渣含量也相对较低；在减少炭渣的过程中，极上覆盖料中的含碳量也是一个重要的影响因素。

3.1.2　炭渣性质

　　阳极掉落炭渣与电解质混合，在打捞过程中将裹挟部分电解质，电解质与炭渣的质量比受炭渣性质、电解槽温度、电解质流动性等多因素影响。炭渣中主要化学元素为碳、铝、氟、钠等，表 3-1 为典型炭渣元素构成，而图 3-1 为炭渣物相构成分析结果。

表 3-1　炭渣元素分析　　　　　　　　　单位：%

C	F	Na	Al	Ca	K	Mg	Fe	其他
28.12	39.19	15.93	8.16	2.05	1.16	0.33	0.082	4.978

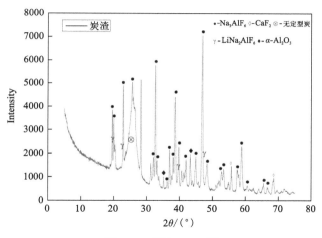

图 3-1　炭渣 XRD 图

　　根据图 3-2 中 TG-DSC 分析结果可知，在空气气氛中，温度高于 565.2 ℃，炭渣中含有的炭质材料将与空气中的氧气发生燃烧反应，炭渣开始失重直至所含炭完全燃烧。

　　炭渣中炭与电解质主要以两种形式存在，其存在形式根据局部炭与电解质含量比不同而结合方式不同：在电解质/炭量比较低的区域，少许电解质会嵌入炭的层状结构中，导致炭材料结构疏松；在电解质/炭量比较高的区域，炭表面有大量电解质，会影响炭与外界空气的接触。炭渣 SEM-EDS 见图 3-3。

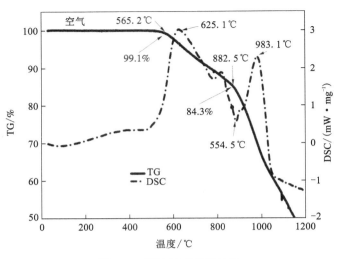

图 3-2　炭渣热重分析结果

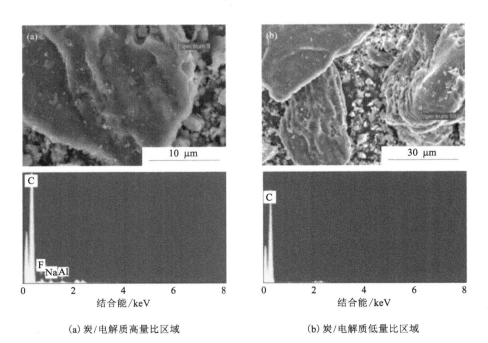

(a) 炭/电解质高量比区域　　　　　　　(b) 炭/电解质低量比区域

图 3-3　炭渣 SEM-EDS 图

3.1.3 炭渣危害

（1）增加能耗

炭渣打捞不及时、槽内炭渣含量过高会对电解槽运行产生多类不良影响，大量炭渣进入电解质，将导致电解质的浸润性和溶解氧化铝性降低，阳极效应系数增大。炭渣与电解质混合使得电解质电阻增大，从而造成槽电压升高，由此引起一系列的槽内热量升高、电解质温度上升、过热度异常增大等现象，最终导致电解能耗增大。研究表明，当电解质中含碳量为 0.04% 时，电阻率增加 1%；当含碳量为 1% 时，电阻率增加 11%；炭渣粒径越小，电解质的导电率下降幅度越大。

（2）缩短设备寿命

炭渣混合于电解质中，槽内热量升高，严重者将产生热槽现象。热槽会推动不良电化学反应，加速阳极氧化、阴极渗钠膨胀。同时，电解槽运行平稳度受热槽影响，电解工艺条件受影响而失衡，长期处于高温状态中运行的电解设备使用寿命将极大地缩短。

（3）热-电-磁三场失衡

若炭渣打捞不及时、槽内炭渣含量过高，炭渣将随铝液与电解质流动最终集聚于电解槽侧部与角部，破坏槽内热-电-磁三场平衡，导致槽温分布梯度失衡、阳极侧部长包等现象。电流在长包处、炭渣集聚处直接通过侧部炭块局部放热，最终导致侧部炉棒升温发红甚至出现漏炉现象；或阴阳极因炭渣而形成电流短路，电流效率降低、能耗升高。

（4）增大工人劳动强度

电解质中的炭渣主要通过人工打捞，炭渣随电解质流动，在加工面两侧或角部流动较慢，炭渣聚集于流速较慢部位，需要在此打洞捞渣。捞渣工作不仅增大了工人劳动强度，破坏了工作环境，也造成了部分热量损失，对电解质稳定性产生了一定影响。

（5）具有环境危害性

炭渣因在槽内受电解质浸泡与侵蚀，氟盐含量较高，除冰晶石外，还含有部分亚冰晶石、氟化钠、氟化镁、氟氯酸盐等物质；炭渣因其浸出毒性的特点被列为危险废弃物，代码 321-025-48。《中华人民共和国环境保护法》规定，每吨危险废物环境保护税额为 1000 元。炭渣对铝电解企业造成了较大的环保压力和生产成本压力。

3.2 炭渣综合处理

受阳极质量、电解工艺、工人操作水平差异性影响，电解槽中排出的炭渣组分、性质、产废系数等均存在差异。随着炭渣被列入危险废弃物名录（国家危险废物名录，2021版，NO. 321-025-48），电解企业需要在炭渣处理上投入更多的关注，严禁采用过去随意弃置或露天堆放的粗放型处置方式。如何高效合理处理炭渣是铝电解从业人员亟须解决的行业难题之一。当前炭渣的主要处理工艺可分为物理分离（浮选法、真空冶炼法等）与化学分离（焙烧法、流化床燃烧法、溶液浸出法等）两大类。化学浸出-高温石墨化联合工艺也是铝电解炭渣处理的一个热门研究思路。

3.2.1 浮选法

利用炭渣中炭质材料和电解质的表面性质差异性（表3-2），通过浮选法分离炭和电解质是炭渣分离处理的有效手段之一。将炭渣磨细至一定粒径，与浮选剂搅拌混合，最后加入浮选机并通入空气，在通入空气的过程中，可浮的物料随着气泡上浮至矿浆上方，形成溢流炭粉，从而实现炭与电解质分离。

表 3-2　炭渣组分性质　　　　　　　　　　　　　　　　单位：g/cm³

组分	物理性质	密度
炭材料	疏水性	1.80
电解质	亲水性	2.95~3.10

炭渣浮选过程主要包括破碎、磨料、分级、浮选、烘干等工序，如图3-4所示。

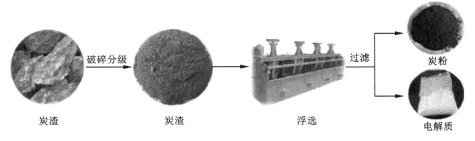

图 3-4　铝电解炭渣浮选分离工艺简单流程图

　　相关科研人员对铝电解炭渣的浮选分离进行了研究。研究发现，通过 XFD Ⅱ 型充气式单槽浮选机对炭渣进行浮选分离，以硅酸钠为抑制剂、煤油为捕收剂、松醇油为起泡剂，在最优条件(120～140 目、矿浆浓度30%、充气流速 0.3 m³/h、搅拌速率 1600 r/min)下可得纯度为 85.23% 的炭粉，炭回收率为 81.55%；通过二粗三精四扫闭路浮选工艺(图 3-5)可实现炭渣中炭和电解质的有效分离，获得含氟超 48% 的电解质粉和炭含量高于 85% 的炭粉。该工艺所得炭粉纯度并不理想，需要进行进一步纯化处理。天山铝业公司通过破碎磨矿—浮选—过滤烘干实现了炭渣中炭和电解质的有效分离，所得炭粉中炭品位≥93%、电解质粉中炭含量低于 3%，浮选回收电解质品位较国内同行业先进水平提高约 10% 品位。廖辉等选择硅酸钠(抑制剂)、煤油/柴油(捕收剂)、2#油(起泡剂)为主要试剂，通过浮选

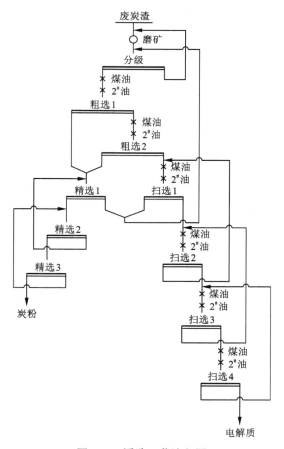

图 3-5　浮选工艺流程图

法实现了炭渣的有效分离，在矿浆浓度30%、起泡剂100 g/t、捕收剂300 g/t条件下，采用一粗二精开路浮选工艺获得了炭品位为89.98%的精矿，炭回收率为80.46%；在浮选过程中，通过 Material Studio 2019 软件计算了捕收剂柴油与炭渣中石墨的作用能，结果见表3-3。作用能计算结果表明水与石墨的作用能大于柴油主要成分与石墨间的相互作用能，且均为负值，浮选过程中柴油与石墨间可自发进行吸附作用，即柴油可突破石墨表层附着的水化层对石墨进行捕收作用，增强了石墨表面疏水性。

表3-3　柴油、水与石墨间相互作用能　　　　　　　　　单位：kJ/mol

药剂	作用前总能量	作用后总能量	相互作用能
二苯并噻吩	868.81	835.09	−33.52
甲基萘	859.06	830.32	−28.74
十二烷	13168.35	13119.23	−49.12
水	819.56	819.28	−0.28

炭渣经浮选处理可获得炭品位90%、挥发分2%的炭粉，将所得炭粉返回铝电解阳极炭块制备过程，实现炭粉的循环利用是碳达峰、碳中和背景下炭渣处理的合理有效的处置思路。炭渣经机械球磨可降低其石墨化度，向无定型结构的焦炭类靠拢。将2%的回收炭粉掺配于阳极炭块的制备原料中替代石油焦，所得炭阳极灰分略有上升，但所含的冰晶石、氟化钠等导电性杂质也降低了炭阳极的电阻率，焙烧过程中（1050 ℃）电解质高温逸散产生的内部孔隙降低了炭阳极的体积密度与耐压强度，CO_2 反应性和空气反应性略有下降，分别为82.43%和55.26%。总而言之，回收的炭粉应用于炭阳极制备是合理有效的。

浮选法分离炭渣优缺点皆较为明显，优点是处理量大，缺点如下：①炭粉品位较低（一般低于90%），影响其炭素制品循环制备利用；②电解质回收率约为80%，回收率较低；③回收的电解质品位低，一般低于95%，不能直接返回电解槽；④电解质中含有浮选药剂而发黏，不能浓相输送，需焙烧脱除炭中浮选剂；⑤浮选废水中氟离子含量超标（约100 mg/L），需进行废水处理。针对炭渣的理化特性，应建立原料深度预处理手段进一步实现炭质材料和电解质组分界面的强化分离，通过药剂乳化、复配构建新型浮选药剂体系实现炭质材料与电解质的高效分离。

3.2.2　真空冶炼法

真空冶炼法处理炭渣的原理是将炭渣磨成细粉，然后加入合适的黏结剂压制成团，最后置入真空炉中冶炼。利用电解质在高温下的易挥发特性，使电解质在真空炉上部冷却凝结,而炭留在罐体中;但是真空冶炼法处理后的残余渣中炭含量在 70% 左右,加上工艺的成本太高,限制了该法的应用。

图 3-6 为真空冶炼法处理铝电解炭渣工艺流程图。

图 3-6　真空冶炼法处理铝电解炭渣工艺流程图

真空冶炼法处理铝电解炭渣,氟化盐分离效果优于浮选法和燃烧法,但在 1000 ℃ 以下条件中所得炭渣纯度并不理想。柴登鹏等以真空冶炼法分离提纯铝电解炭渣,考查了真空度、加热温度、保温时间、原料粒径等因素对炭渣中氟盐分离效果的影响,在最优工艺条件(真空度 5 Pa、950 ℃、240 min、0.5~1 mm)下氟化盐分离率 83%、炭渣纯度约 74%。真空冶炼过程中,冷凝物主要成分为冰晶石 Na_3AlF_6(74.6%),另含有氟化铝 AlF_3(14.6%)、氟化锂 LiF(6.9%)、氟化镁 MgF_2(0.6%)、氟化钙 CaF_2(0.2%)等;炭渣分离后的炭粉中,还含有 Na_3AlF_6(9.9%)、CaF_2(7.7%)、Al_2O_3(3.3%)、LiF(1.9%)、AlF_3(0.2%)等杂质。氟化钙、氟化镁等氟盐在 1000 ℃ 内热挥发性较弱,冰晶石、氟化铝的挥发性相对较强。

3.2.3　焙烧法

焙烧法的目的是通过高温将炭渣中的炭氧化为 CO_2 气体与焙烧残渣电解质分离。在回转窑中进行焙烧实验时,需要注意控制炉温:若焙烧温度过高,则易导致电解质分解与挥发;若焙烧温度过低,则炭渣中的炭(主要为焦炭,着火点高、燃烧进程慢)不能完全燃烧;加入助燃剂以保证炭完全燃烧,加入分散剂以避免电解质黏附在设备内壁上;助燃剂和分散剂要求杂质含量低、对电解工艺无负面影响;炉窑内需保证充足的氧气。图 3-7 为焙烧工艺流程示意图。

根据炭渣性质,采用低温循环焙烧工艺将炭渣中的炭燃烧脱除,在 750 ℃ 二次焙烧后炭脱除率可达 97.6%,回收的电解质粉中炭含量为 0.68%,为电解质循环利用提供了纯度基础。

研究人员开发了一种碳酸钠(Na_2CO_3)焙烧—水浸处理炭渣的新工艺。将炭渣破碎至 200 目后与碳酸钠混合均匀,于电阻炉中保温一定时间,碳酸钠与电解

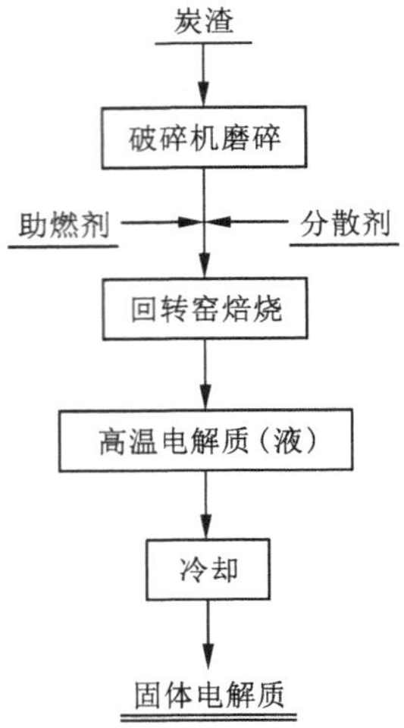

炭渣

↓

破碎机磨碎

助燃剂 ——→ ┤ ├←—— 分散剂

↓

回转窑焙烧

↓

高温电解质（液）

↓

冷却

↓

固体电解质

图 3-7　焙烧工艺流程图

质反应产生水溶性物质，冷却后经水洗分离得到炭粉，水洗液中含可溶铝酸钠、氟离子，通入 CO_2 并调节 pH 得到冰晶石沉淀。图 3-8 为原理图、图 3-9 为焙烧过程主要化学反应热力学计算结果。在最优工艺下调节碱渣质量比 25、950 ℃焙

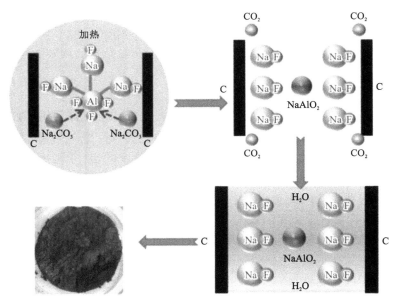

图 3-8　炭渣焙烧—水浸原理图

烧 2 h 可将冰晶石、亚冰晶石等反应完全，焙烧产物组分为炭、碳酸钠、氟化钠、铝酸钠；浸出分离焙烧产物中的炭纯度为 89%。适当地提高焙烧温度和延长保温时间可提高炭渣中炭和电解质的分离效率。浸出液中的 F^- 通过碳酸化法进行回收，获得主成分合格的粉状冰晶石可直接返回至电解槽中。该工艺无废气废水排放，可实现炭渣无害化与资源化。

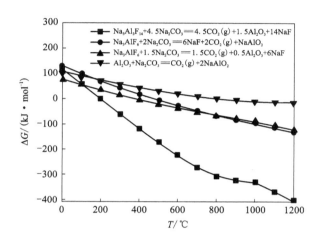

图 3-9　焙烧过程主要反应热力学计算结果

3.2.4　流化床技术

炭渣中主要组分为炭质材料、冰晶石、氧化铝，通过热重分析可以准确获取炭渣中炭的氧化规律、反应温度区间及其烧损失重状态，在 323.7 ℃ 条件下，炭渣表面的炭开始与氧气发生氧化反应，692.6 ℃ 以上条件下，亚冰晶石受热熔化并附着于炭材料表面，受亚冰晶石（熔点 695 ℃）的抑制作用，炭氧反应速率下降明显，燃烧产物出现烧结现象。根据炭渣烧损实验结果，通过流态化燃烧技术回收炭渣中的炭，以冷态鼓泡床模型进行回收实验，装置如图 3-10 所示，其中床径为 100 mm、高径比为 9、布风板开孔率为 1.8%、入炉物料粒径为 0.15 mm、料层高度为 150 mm、流化速度为 0.212 m/s。

刘帅霞等以铝电解阳极炭渣浮选渣为原料、CO_2 气体为活化剂，制备多孔炭材料。多孔炭材料是一类比表面积大、孔隙结构发达的材料，是良好的催化剂和催化载体。阳极炭渣具有多孔道特性，CO_2 活化处理可形成更发达的孔隙结构。称取一定量研磨均匀的炭渣平铺于刚玉坩埚中，在管式炉炉中以 5 ℃/min 的升温速率至预定温度后通入 CO_2 气体，保温一段时间后冷却至室温；将活化处理后的

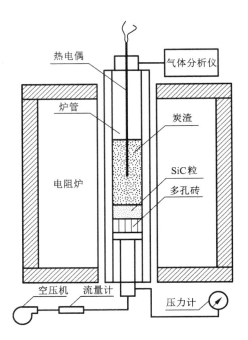

图 3-10　鼓泡床处理炭渣实验装置

炭粉置于 1 mol/L 的盐酸溶液中浸泡 24 h，后过滤，再用去离子水洗涤多次，烘干后即得多孔炭。在活化温度 650 ℃、CO₂ 流量 200 mL、保温时间 1 h 条件下制备的多孔炭材料对溶液中刚果红吸附效果最好。通过 N_2 吸附-脱附分析测定，制备的多孔炭比表面积为 1.36 m²/g、吸附平均孔径为 34.95 nm、总孔容为 0.012 cm³/g，多为介孔和大孔。采用阳极炭渣制备多孔炭材料，为炭渣高值化循环利用提供了新的思路。

　　王艺茹通过碱浸、酸浸、高温石墨化、表面包覆改性等工序，以铝电解炭渣为原料，制备了高性能锂离子电池负极材料。具体做法是：以氢氧化钠溶液为浸出剂，在浸出温度 110 ℃、初始碱液质量分数 15%、液固比 10 条件下对炭渣进行碱浸处理 120 min 后；固液分离，碱浸渣在盐酸质量分数 15%、酸浸温度 90 ℃、液固比 15 条件下酸浸 80 min 可脱除非炭杂质 48%，得到了炭含量为 93% 的炭粉；对所得炭粉在 2800 ℃ 条件下进行石墨化，所得石墨纯度为 99.90%、石墨化度为 81.56%，所得石墨表面存在微缺陷，内部为高度有序的石墨片层结构（图 3-11）；将制备的石墨用于锂离子电池负极材料，其倍率性能和循环性能优异。

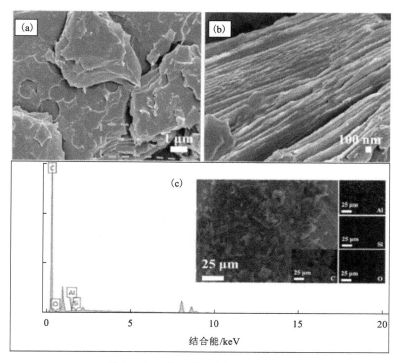

图 3-11　炭渣基石墨 SEM-EDS 图

3.3　减少炭渣排放量的途径

　　炭渣属于危险废物，其运输、处置过程均受到严格监管。当前，炭渣浮选法和坩埚熔炼法均有成熟技术和工程应用案例。浮选法吨处置成本为 200~500 元，国内采用炭渣浮选的企业有山西新材料、遵义铝业、山西兆丰铝电、青铜峡铝业、河南中孚等，该技术在当前市场占有率约为 80%。坩埚熔炼法（火法）因处理工艺、加热方式不同，处理成本上存在较大差异，吨处理成本在 800~1400 元，鉴于其回收的电解质品质好，也得到了一些企业的青睐，如包头铝业、连城铝业、兰州铝业、德福环保等均建有熔炼法处置线，该技术当前市场占有率约 20%。

　　虽然炭渣已经形成了部分较为成熟的处置工艺，但其终归属于铝电解过程中产生的固体危险废弃物，如何在电解操作工序中降低炭渣排放量也是行业从业人员需要重视的问题。

3.3.1 改进阳极几何外观

当前预焙电解槽所用的阳极炭块，在浸入电解质时，有 5 个面、8 条边与电解质接触。换极时，室温阳极炭块与高温电解质瞬间接触，两者之间的巨大温度差（920 ℃以上）使得阳极炭块没入电解质部分短时间内受热膨胀，炭素材料颗粒间出现了极大的膨胀力，阳极表面因此出现裂纹。受磁场、电解质流体场作用，阳极炭块表层裂纹处被冲刷脱落，掉入电解质形成了炭渣。当阳极炭块入槽时，各直角棱角部位为结构最薄弱、受热应力最集中处，当作用于棱角处的热应力大于物料黏结力时，棱角处的炭脱落为炭渣。

近些年，为了降低铝电解能耗，部分电解企业选择了开槽阳极替代传统阳极。开槽阳极可以更好地排出阳极气体，减少底掌气膜的产生，有效降低效应系数与槽电压。但是，开槽破坏了炭阳极的结构完整性，增加了没入电解槽的阳极边数，受热又形成了新的应力集中线。理论上阳极炭块表面应力集中线越多，越容易产生炭渣。

基于此，刘民章等提出了阳极几何外观改进思路，将与电解质接触的阳极表面直角棱角部位改为圆角，以改善棱角处应力分布状况，降低炭块受热产生裂纹的可能性，如图 3-12 所示。

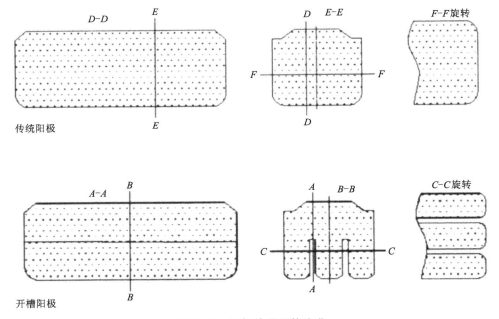

图 3-12 阳极外观形状改进

3.3.2　优化阳极制备工艺

预焙阳极的理化性能指标差异性和质量波动导致预焙阳极在使用过程中出现导电不均、消耗不平衡的问题，产生大量炭渣。一般来说，原料质量、原料配方、制备工艺等均可能影响阳极质量；微量杂质元素钠、钾等也可以造成阳极在服役过程中因空气反应性和二氧化碳反应性增强而消耗过快、炭渣增多的问题；焙烧温度不合理会导致黏结剂与骨料烧结度不达标，从而在使用过程中产生炭渣。

中铝青海分公司开展了无炭渣阳极制备技术探索，从原料配方优化、成型工艺改进、焙烧工艺改进等方面进行了研究，选择混配技术处理骨料煅后石油焦，控制黏结剂沥青的储存温度，以不同品质沥青混合物来均化组分与微量杂质元素的含量，改进和优化制备工艺，阳极表面处理，一系列优化改造探索实现了优质无炭渣阳极制备。2016 年将该技术应用于实际生产中，表 3-4 为 2015—2019 年铝电解阳极炭块质量与炭渣排放量变化情况。

表 3-4　铝电解阳极炭块质量与炭渣排放量变化情况

项目		2015 年	2016 年	2017 年	2018 年	2019 年
阳极理化指标	灰分/%	0.565	0.532	0.486	0.466	0.461
	电阻率/$(\mu\Omega \cdot m)$	62.124	59.398	57.706	58.047	57.164
	体积密度/$(g \cdot cm^{-3})$	1.553	1.553	1.563	1.580	1.583
	真密度/$(g \cdot cm^{-3})$	2.065	2.075	2.082	2.055	2.064
	耐压强度/MPa	35.517	35.731	37.184	38.707	38.965
	CO_2 反应残余/%	84.027	84.90	86.200	89.677	93.354
	空气反应残余/%	—	—	66.238	70.845	84.779
阳极杂质含量	$\rho(V)/(mg \cdot kg^{-1})$	—	413	464	447	317
	$\rho(Na)/(mg \cdot kg^{-1})$	—	405	358	281	221
	$\rho(Fe)/(mg \cdot kg^{-1})$	—	663	643	539	474
炭渣排放量/$(kg \cdot t^{-1}\text{-Al})$		13.84	7.54	7.06	3.96	3.03

3.3.3　优化铝电解工艺

（1）适当增加阳极覆盖料

阳极覆盖料厚度及其粒径分布对阳极炭块空气反应性具有显著影响。粒径分布恰当的阳极覆盖料一方面可以有效降低通过上部渗透入的空气与阳极间的接触概率，另一方面可有效隔绝阳极热量散逸，使阳极上部保持在合适的温度范围，故空气燃烧反应速率得到有效控制，槽内炭渣排放量也因此减少。

（2）维持稳定的工艺条件

稳定的电解工艺条件不仅是延长电解槽服役周期、降低铝生产成本的根本途径，也是减少槽内炭渣排放量的直接影响因素。电解质温度、阳极温度、阳极侧面受到的侵蚀、电解质液面波动等均是影响炭渣排放量的直接因素。此外，若极距波动、阳极效应处理不及，则其均会对电解质中炭渣排放量产生直接影响，进一步恶化后可能会成为炭渣排放量的主要影响因素。因此，合理的电解槽设计与严格的工艺操作保证稳定的电解工艺是减少阳极炭渣排放量的关键因素。

（3）采用低温电解工艺

电解质温度升高会导致槽内炭渣排放量增多。铝的二次反应也是产生炭渣的因素之一。在生产实践中，若要降低铝二次反应概率，则要选择低电压、低分子比、低氧化铝浓度、低温度、高极距的电解工艺，促使铝电解生产过程在较低温度下进行，以提高电流效率、降低铝二次反应损失，最终减少炭渣排放量。

（4）增大电解槽散热量

增大电解槽散热量可以有效降低电解质温度，电解槽铝水平直接影响电解槽的散热量，因此可以通过调整电解槽铝水平调节电解质的温度。提高铝水平，增大电解槽底部及侧部散热量，同时使极距区上移，增强电解槽散热。当对电解槽进行大面整形时，应彻底清理电解槽大面老壳，将电解槽槽压板完全清理，以增强电解槽散热效果。

（5）降低预焙阳极空气渗透率

降低预焙阳极空气渗透率，可以减少 CO_2 及空气渗透入阳极内部进行选择性氧化反应，减少阳极掉渣量。严格控制预焙阳极生产工艺参数、优化成型配方和焙烧曲线、增大阳极体积密度，可以降低阳极空气渗透率。开展成型配方容重实验，根据不同品质的煅后焦制定与之相适应的成型生产配方，寻求最优混合料堆积密度。优化煅后焦振动筛的筛网及振幅，提高筛分物料的稳定性，确保骨料各粒级纯度保持在 85% 以上。使粉料纯度保持在 60%～70%，根据粉料纯度、配比及时调整沥青配入量。使混捏温度和成型温度保持在合理范围，增强糊料塑性，增大阳极体积密度。优化成型机工艺参数，根据生块质量及时调整成型机的振动时间、转速等，增大阳极体积密度。优化焙烧曲线，制定合理的负压分配原则，确保各火道负压均衡、稳定，控制挥发分均匀逸出，使阳极致密、结构均匀、孔隙度小。

此外，保持适当的电解质水平也是减少炭渣排放量的有效途径之一。若电解质水平较低，则槽内热量损失快，槽况难以稳定；若电解质水平过高，则易造成对阳极炭块特别是残极上部的冲刷，熔化阳极上部保温料后形成空间导致阳极氧化炭颗粒脱落，炭渣排放量增多。

第4章
废槽衬处理与再利用

4.1　概论

当前铝电解槽寿命一般为 3~10 a，运行周期大于 3600 d(约 10 a)的报道亦不少见。但是，电解槽总归有一个大修周期。槽底部内衬材料在高温电解质、金属铝、金属钠、氟化物等多类物质的持续性冲刷、腐蚀、渗透作用下，易出现凹坑、裂缝、隆起等结构变化，熔融态的电解质、金属铝等会沿着裂缝进入槽衬内部，进一步增大其缝隙与隆起，使得槽内衬材料功能失效，最终只能停槽大修、更换内衬。铝电解槽大修排放的废弃槽内衬材料(简称废槽衬, spent potlining、spent potliner、SPL)是铝电解行业产生的大宗固体废弃物之一，也是铝电解行业不可避免的固体废弃物之一。

表 4-1 中为不同电解槽中内衬材料用量。

表 4-1　不同电解槽中内衬材料用量　　　　　　　　　单位：t/槽

材料	120 kA 槽	200 kA 槽	350 kA 槽
保温材料	3.4	5.9	7.3
耐火材料	10.0	14.2	31.6
碳质材料	15.7	22.2	46.0
浇注料	2.6	6.4	8.7

预焙电解槽内衬材料主要包括阴极炭块、侧部碳块、耐火砖、扎固糊料、轻质保温砖、干式防渗料、浇注料及保温隔热板材料(图 4-1)。废槽衬中主要组分包括约占废弃物总质量 1/3 的炭质材料(废阴极、侧部炭块、扎固糊等)、约 1/3 的氟化物(冰晶石、氟化钠、氟化钙等)、约 1/3 的耐火材料混合物(干式防渗料、保

图 4-1　电解槽内衬示意图

温砖、耐火砖等）、少部分的 β-氧化铝、氮化铝、氰化物（约 0.2%）。废槽衬不仅含有会对环境生态产生极大威胁的氰化物、可溶氟化物等有害物质，还含有极具回收潜能的优质炭质材料（废阴极石墨、侧部炭块、人造伸腿）。因此，基于经济效益与环保效益，废槽衬的高值化资源化综合利用是其综合处置的首选思路。

4.1.1　废阴极

4.1.1.1　废阴极产生

铝电解废阴极炭块是阴极材料在服役期间遭受高温、高腐蚀性熔体的持续性侵蚀冲刷，以及强电流强磁场的直接作用下发生不同程度的破损而产生的。铝电解生产过程中能量平衡与物料平衡状态处于持续建立与破坏状态，导致槽况特征复杂多变，也使槽内阴极材料破损机制复杂。铝电解阴极炭块破损主要机制如下：

（1）高温电解质和金属钠的侵蚀

阴极材料的开气孔率为 10%~25%，导致其可渗透性达 150~650 mDarcy。电解质熔融冰晶石、铝液等难以渗透炭，但较高的开气孔率导致的高可渗透性使得阴极炭块在长时间服役过程中被电解质和铝液渗透侵蚀。一般认为，铝电解过程中氟化钠和高温铝液反应产生了金属钠，如方程（4-1）、（4-2）所示。

$$Al_{(液)} + 3NaF \mathrm{\Longrightarrow\!=} 3Na_{(炭中)} + AlF_{3(电解质中)} \tag{4-1}$$

或发生电化学反应产生钠单质：

$$Na^+ + e^- \mathrm{\Longrightarrow\!=} Na \tag{4-2}$$

当前学术界关于钠对炭阴极的渗透机制没有定论，主要有 Dell 的钠蒸气迁移机理和 Dewing 与 Krohn 的经由碳晶格扩散机制。碱金属与石墨可以反应形成碱金属-石墨插层化合物，同时石墨晶格缺陷空间的钠吸收也是阴极炭块摄入金属钠的主要机制之一。钠的渗透和钠膨胀导致石墨层的突起蠕动，造成阴极材料结构改变、比电阻降低。而且，钠可以增大炭质材料对熔融电解质的润湿性，加剧熔融电解质和铝液的渗透作用，加快阴极材料的腐蚀和破损。

（2）碳化铝的作用

在电解过程中，虽然金属铝具有较大的表面张力而不润湿炭，但会沿着阴极材料的开孔、缝隙、裂纹等渗透沁入阴极内部，与炭发生反应生成碳化铝（Al_4C_3）；浸入的熔融冰晶石与单质钠及炭也会反应生成碳化铝。碳化铝生成反应方程式如下：

$$4Al_{(1)} + 3C_{(s)} = Al_4C_{3(s)} \tag{4-3}$$
$$4Na_3AlF_{6(1)} + 12Na_{(s)} + 3C_{(s)} = Al_4C_{3(s)} + 24NaF_{(s)} \tag{4-4}$$

经热力学计算，在铝电解工况下（950~970 ℃），反应（4-3）、（4-4）的吉布斯自由能 ΔG 均小于 0，因此，碳化铝易铝电解过程中生成。

一般在新排出的废阴极炭块表面、裂缝中可以发现黄色粉末，即碳化铝。碳化铝导电性差，可导致阴极炭块中电流分布不均、局部电流和磁场力过大。在磁场作用下，铝液在阴极缝隙和裂纹中流动，加快了碳化铝生成—溶解—再生成的循环速度，进一步扩大了裂纹和缝隙，最终可能扩散到阴极钢棒处，使得铝液中铁含量升高，影响原铝品位。

（3）底部隆起

造成铝电解槽阴极底部隆起的主要因素如下：

①钠浓度梯度和温度梯度。

②炭块下部或内部形成柱状晶。

③固相多孔物质的产生。

④热循环产生的裂纹和孔隙被熔盐或金属不可逆填充。

底部隆起造成了阴极炭块的形状改变、相对位置偏移、局部炭被碳化物和结晶氟化物的混合物取代、热量和电流密度分布不均等后果。

（4）机械磨损

电解槽焙烧启动初期的瞬时电流、高温电解质热冲击，以及电解槽运行过程中底部隆起和钠侵蚀产生的大应力均会造成阴极炭块的表皮脱落和变形。铝液波动也会导致阴极表层炭颗粒脱落和冲蚀坑的产生，进而影响阴极表层电流分布和温度分布。

（5）其他因素

槽温的瞬时改变，会造成阴极炭块的膨胀或收缩，导致渗透和阴极的细微破坏；这些破坏与底部隆起相互作用导致阴极炭块裂缝产生、扩大。阴极材料质量、电解槽筑炉质量、日常工艺管理质量等均可能对阴极炭块的使用寿命造成影响。

4.1.1.2　废阴极组成

废阴极是铝电解工业的重要固体废弃物之一。大量的炭质材料、氟化物、氧化铝、氢氧化铝以及其他有价组分构成了废阴极，如图 4-2 所示。文献表明（表 4-2、图 4-3）：废阴极中固定炭含量一般为 30%~70%，炭的石墨化程度较高，具有很高的热值；氟化物含量为 20%~60%，另有 β-氧化铝、霞石/莫来石、铁铝合金、铝硅酸盐、微量氰化物（0.2%~1%）等物质。废阴极成分复杂多样，但国内铝电解企业所排放的废阴极中所含元素和物相种类趋于一致。据文献报道，全世界废阴极以年排放量超 $1×10^6$ t 的速度在增长。

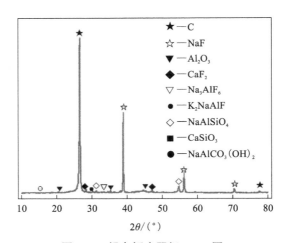

图 4-2　铝电解废阴极 XRD 图

表 4-2　国内五家铝电解企业排放废阴极元素分析（质量分数）　　单位：%

企业	C	F	Na	Al	O	Si	Ca	K	Fe	其他
A	77.32	8.27	4.76	3.33	3.62	0.74	0.80	0.45	0.32	0.39
B	64.94	13.97	10.57	5.21	2.92	0.52	1.05	0.23	0.45	0.28
C	61.06	14.37	8.71	7.09	5.47	0.43	1.35	0.68	0.43	0.29
D	72.10	11.39	6.70	4.81	3.39	0.10	0.93	0.23	0.11	0.24
E	68.59	10.87	5.92	6.97	4.96	0.58	1.14	0.37	0.31	0.29

图 4-3　废阴极 SEM-EDS 图

4.1.1.3　废阴极危害

　　铝电解废阴极中含有大量有毒物质氟化物和氰化物，按国家标准《固体废液—浸出毒性浸出方法》（HJ/T 299—2007）制备的废阴极浸出液中可溶氟化物 F^- 质量浓度可达 2000~6000 g/L、氰化物 CN^- 质量浓度可达 10~40 mg/L，远高于国家《危险废物鉴别标准—浸出毒性鉴别》（GB 5085.3—2007）规定的排放标准。因此废阴极是铝电解业产生环境污染的主要因素之一，被多个国家列为工业危险废物：美国环保署（U.S. EPA）于 1988 年将之定为危险废物，登记号 K088；2007 年中国国家发改委将"电解铝固体废弃物无害化处理与综合利用技术开发"列为国家重大产业技术开发项目，要求尽快在无害化处理和资源化回收利用技术上实现突破；2021 年中国国家环保局发布的《国家危险废物名录》中将其列入危险固废，废物代码 321-023-48。废阴极是国家明确列出的固体危险废弃物，禁止露天堆存，铝电解企业需要对其进行安全填埋或无害化处理。

　　露天堆存的铝电解废阴极是潜在的集中危险源，受雨水冲刷或吸收空气中的水分而形成危险物。废阴极所含可溶氟化物和氰化物可随雨水混入江河、渗入地下，除污染土壤和水体外，还会与水发生反应。废阴极遇水反应剧烈，常温常压下即可发生并释放大量气体，遇酸雨产生的氰化氢（HCN）气体有剧毒，在废阴极淋雨或电解槽大修时常常会嗅到强烈的氨气味。废阴极炭块中化学物质与水发生的主要反应如式（4-3）~（4-6）所示：

$$CN^- + 2H_2O \Longrightarrow NH_{3(g)} + HCOO^- \tag{4-3}$$

$$[Fe(CN)_6]^- + 6H_2O =\!=\!= 6HCN_{(g)} + Fe(OH)_{2(s)} + 4OH^- \qquad (4-4)$$

$$AlN + 3H_2O =\!=\!= NH_{3(g)} + Al(OH)_3 \qquad (4-5)$$

$$Al_4C_3 + 12H_2O =\!=\!= 3CH_{4(g)} + 4Al(OH)_3 \qquad (4-6)$$

铝电解废阴极对生态环境危害很大,主要表现如下:

①含有大量可溶氟化物和氰化物,易污染地表水和地下水;

②释放有毒气体(NH_3、HCN 等)产生大气污染,影响生态平衡。

未经处理的废阴极随意堆弃将会使动物骨骼及植物组织腐坏变黑、破坏农业生态平衡、污染大自然水体、危害人类健康。近年来,国内外已有多起关于铝电解危险固废随意堆弃对环境造成巨大破坏的报道见诸报端。

4.1.2 干式防渗料

铝电解槽阴极部分受高温熔融态电解质、金属铝及腐蚀性物质氟化物、钠等持续冲刷腐蚀,存在破损裂缝的危险,导致金属铝和电解质渗入电解槽底部产生漏槽事故。为了防止金属铝和电解质渗透到槽底钢板,在阴极碳块下面铺设一层干式防渗料。

赵更金等在对《铝电解槽用干式防渗料》(YS/T 456—2003)进行修订的过程中,总结了部分企业的电解槽所用干式防渗料的组分与理化性质,详见表4-3,在此基础上制定了新的标准《铝电解槽用干式防渗料》(YS/T 456—2014)。

表4-3 部分电解铝厂干式防渗料

指标	企业 A	企业 B	企业 C	企业 D
$w(SiO_2 + Al_2O_3)/\%$	≥80	≥80	≥81	≥84
松装密度/($g \cdot cm^{-3}$)	1.50			1.55
捣实密度/($g \cdot cm^{-3}$)	1.88	1.93	1.90	1.93
热导率/($W \cdot m^{-1} \cdot K^{-1}$)	≤0.4(300 ℃)	≤0.55(800 ℃)	≤0.45(300 ℃)	≤0.5(816 ℃)
抗电解质渗透性(950 ℃,96 h)	≤15 mm[①]	≤15%[②]	≤20 mm[①]	≤13%[②]

注:①数据指反应渗透深度;②数据指电解质反应率。

4.1.2.1 防渗机制

铝电解槽生产热平衡计算与设计过程中,电解质凝固等温线需被置于耐火砖中,若电解质不能凝固于耐火材料层,熔融态电解质、金属铝液等则会继续下渗进入保温层,将对槽底钢板产生威胁。阴极筑炉结构一般为(从上往下)阴极炭块、耐火材料层、氧化铝层、保温材料层、硅酸钙板。电解质和金属铝液会沿着阴极炭块和耐火材料本身存在的缝隙、孔洞等进入保温材料层与其发生反应破坏保温材料性质，导致电解槽热平衡失衡，最终使得电解槽失效物质的量比。

干式防渗料是不同粒级、不同种类的耐火材料混合体以取代耐火砖与氧化铝层，具有耐火防渗一体的功能，可以与下渗的熔融电解质、钠化合物（如氧化钠、氟化钠等）反应生成一层厚约 15 mm 的玻璃体霞石（低 SiO_2/Al_2O_3 物质的量比时）或钠长石（高 SiO_2/Al_2O_3 物质的量比时）。致密层将阻挡电解质的进一步下渗，从而保护下层的保温材料。同时，阻挡层的可塑性及颗粒层的可压缩性将有效缓解底部隆起、槽壳变形，削弱因温度上升产生的阴极膨胀，减轻上抬幅度，抑制膨胀裂缝，减缓因之产生的电解槽早期破损。当耐火材料为纯氧化铝层时，生成产物为 $\beta-Al_2O_3$。$\beta-Al_2O_3$ 不具有防渗作用，这是导致防渗料中电解质继续渗透的主要原因之一。防渗料中的硅元素还可以反应生成 SiF_4 气体向底部迁移，导致上下层硅元素分布不均衡。

$$Na_3AlF_6+2Al_2O_3+3SiO_2 =\!=\!=\!= 3NaAlSiO_4（霞石）+2AlF_3 \qquad (4-7)$$
$$Na_2O+Al_2O_3+2SiO_2 =\!=\!=\!= 2NaAlSiO_4（霞石） \qquad (4-8)$$
$$6NaF+2Al_2O_3+3SiO_2 =\!=\!=\!= 3NaAlSiO_4（霞石）+Na_3AlF_6 \qquad (4-9)$$
$$6NaF+2Al_2O_3 =\!=\!=\!= 3NaAlO_2+Na_3AlF_6 \qquad (4-10)$$

将废防渗料由上而下（厚约 15 cm）均分为 5 层，可获得各层的物质组分构成及其物相分布，见表 4-4。

表 4-4　防渗料物质构成（质量分数）　　　　　　　　　　　　　单位：%

分层	Al$_2$O$_3$	SiO$_2$	Na	F	CaO	TFe	K
1	27.98	10.86	27.65	18.80	3.32	2.68	0.56
2	29.06	21.32	27.60	15.71	3.44	2.45	0.40
3	31.49	30.01	18.94	8.75	1.96	3.13	1.22
4	32.69	34.10	13.38	3.76	1.63	3.18	1.70
5	35.35	42.65	2.88	0.47	1.68	5.14	1.37

除与渗透的电解质反应外，干式防渗料还会与渗透的金属铝液发生铝热还原反应，将防渗料中的氧化硅、氧化铁等还原为单质金属或合金。

干式防渗料的防渗性能与电解质组分具有较大关系。当电解质中含有钾盐时防渗料的防渗性能较差，含钾盐的电解质（KF 和 NaF）对普通防渗料的渗透能力较强，随着钠盐（氟化钠或冰晶石）含量的升高防渗料的渗透能力逐步减弱，但普通防渗料对纯钾盐电解质没有防渗性能，钾盐以 KAlF$_4$ 形式渗透。对于含钾盐电解质的防渗原理，一是利用防渗料的温度梯度，二是添加石英砂等添加剂，三是在防渗料上铺一层氧化铝或石英外加层。

4.1.2.2　干式防渗料处理

干式防渗料可以进行二次筑槽循环利用。四川启明星铝业公司将与阴极炭块底部接触的霞石层剥离后回收约 12 t(筑炉用量 23 t)防渗料,回收料与新防渗料表观无明显差异、干燥度高,满足二次利用需求。四川启明星铝业公司在新筑槽中每槽添加回收防渗料 8~10 t 置于下层、新防渗料置于与阴极炭块接触的上层,评估了干式防渗料在 300 kA 电解槽中的二次循环利用。实验发现,电解槽启动过程中电压变化趋势无明显区别,前 6 个月散热孔、钢棒温度差别小,炉内炉帮形成与厚度、炉膛规整性等变化趋势与全新防渗料槽完全一致,表明回收防渗料二次循环利用对电解槽运行过程热平衡无明显影响。按单槽采用 10 t 回收干式防渗料,可节约成本 1.5 万元(1500 元/t×10 t),经济效益和环保效益明显。因此,干式防渗料可考虑处理后返回新筑槽循环再利用,一方面可以降低电解槽大修渣处理量,另一方面可以降低处理成本。贵州某铝厂大修渣委托有相应资质的环保公司进行处理,每吨处理费超 1000 元。废槽衬、大修渣处理费用已成为当前铝电解企业一笔较大的固定支出。

表 4-5 中为四川启明星铝业公司干式防渗料二次利用实验结果。

表 4-5　电解槽热平衡点对比(启动前 6 个月)

指标	全新防渗料槽	混用防渗料槽	差值	平均差值
阴极钢棒 温度/℃	194	190	4	1.30
	189	188	1	
	186	187	−1	
	182	180	2	
	178	179	−1	
	177	174	3	
散热孔 温度/℃	276	281	−5	−0.37
	264	261	3	
	257	259	−2	
	249	247	2	
	241	238	3	
	236	239	−3	

续表4-5

指标	全新防渗料槽	混用防渗料槽	差值	平均差值
炉底钢板温度/℃	93	91	2	−0.83
	88	90	−2	
	89	88	1	
	81	85	−4	
	83	86	−3	
	81	80	1	
炉棒厚度/mm	7.6	7.2	0.4	0.12
	10.9	10.6	0.3	
	11.5	12.1	−0.6	
	13.5	13.4	0.1	
	14.4	13.9	0.5	
	13.9	14.2	−0.3	
	14.1	13.9	0.2	
炉底压降/mV	286	284	2	0.50
	288	287	1	
	293	295	−2	
	299	303	−4	
	309	307	2	
	310	306	4	

　　云南建水德福再生资源利用有限公司将废旧干式防渗料磨细后进行盐酸酸浸、氢氧化钠碱浸等分离得到氯化铝、二氧化硅、氢氧化铝、氟化钠等产物，实现了废旧干式防渗料的综合利用。图4-4为处理过程工艺流程图。其主要反应方程式如下：

　　酸浸过程：

$$Al_2O_3+6HCl \rightleftharpoons 2AlCl_3+3H_2O \tag{4-11}$$

$$NaF+HCl \rightleftharpoons HF+NaCl \tag{4-12}$$

$$Fe_2O_3+6HCl \rightleftharpoons 2FeCl_3+3H_2O \tag{4-13}$$

$$CaO+2HCl \rightleftharpoons CaCl_2+H_2O \tag{4-14}$$

$$MgO+2HCl \rightleftharpoons MgCl_2+H_2O \tag{4-15}$$

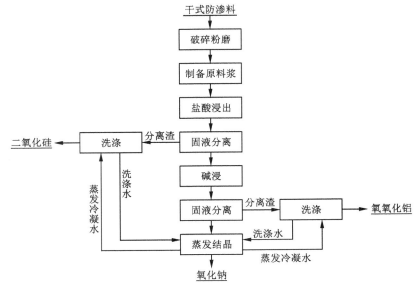

图 4-4　废防渗料湿法处理工艺流程图

$$TiO_2+4HCl \rightleftharpoons TiCl_4+2H_2O \tag{4-16}$$

碱浸过程：

$$AlCl_3+3NaOH \rightleftharpoons Al(OH)_3\downarrow+3NaCl \tag{4-17}$$

$$FeCl_3+3NaOH \rightleftharpoons Fe(OH)_3\downarrow+3NaCl \tag{4-18}$$

$$CaCl_2+2NaOH \rightleftharpoons Ca(OH)_2\downarrow+2NaCl \tag{4-19}$$

$$MgCl_2+2NaOH \rightleftharpoons Mg(OH)_2\downarrow+2NaCl \tag{4-20}$$

$$TiCl_4+4NaOH \rightleftharpoons Ti(OH)_4\downarrow+4NaCl \tag{4-21}$$

氟化氢回收：

$$HF+NaOH \rightleftharpoons NaF+H_2O \tag{4-22}$$

（3）干式防渗料改进

以某企业现有防渗料为基础，白卫国等通过优化组分构成、粒径组成等改进干式防渗料性能，于 2016 年在 30 台 400 kA 电解槽中进行了实验。电解槽底部内衬构成由下到上为 80 mm 硅酸钙板、两层轻质保温砖、170 mm 改进的新型防渗料或原有防渗料。对比评估不同防渗料对电解槽运行状况的影响。表 4-6 为两种防渗料构成。

运行 15 个月后，采用新型防渗料的电解槽炉底平均温度为 73 ℃，较采用原有防渗料炉底温度降低了 37 ℃；炉底散热 133.3 mV，降低了 18 mV；槽电压降低 25 mV，电流效率提高 0.2%，直流电耗降低 109 kW·h/t-Al。

表 4-6　两种防渗料构成　　　　　　　　　　单位：%

渗料样本	$w(SiO_2)$	$w(Al_2O_3)$	$w(Fe_2O_3)$	$w(TiO_2)$	$w(CaO)$	$w(MgO)$
新型防渗料	54.3	37.9	2.2	0.4	0.5	0.5
某企业防渗料	59.7	30.3	3.9	0.8	0.4	0.4

4.1.3　浇注料与保温砖

浇注料主要构成与干式防渗料相同，主要组分为二氧化硅、氧化铝，用于电解槽侧部及四周，这些部位一般为电解槽主要破损处，大修时浇注料与干式防渗料一同处置。

当前铝电解槽普遍采用干式防渗料作为阴极炭块下部的首层耐火材料，得益于其强大的防渗性能，下层的耐火砖、保温砖等受侵蚀概率较低。

保温砖若无明显破损、侵蚀现象可作为大修槽保温材料继续使用。若大修刨槽过程中选择"半刨槽"方式，保温砖可不需要处理而再次利用；若选择"全刨槽"方式，则需要对保温砖进行甄别，形状完好者返回大修槽，破损严重或侵蚀严重者可参照干式防渗料进行处理。

4.2　废阴极综合处理

国内外关于铝电解废阴极处理的研究报道有很多，为便于借鉴前人的研究经验，根据大量文献查阅，现将国内外铝电解废阴极（可扩大到废槽衬）处理工艺分为三大类：第一类，以铝电解废弃物无害化为主要目的，处理其中含有的有害物质，降低废弃物对环境威胁至可承受范围，称为无害化处理方法；第二类，以回收铝电解废弃物中有价组分为主要目的，同时处置其中的有毒物质使之符合环保要求，称为综合回收处理方法；第三类，基于铝电解废弃物中有价组分的理化性质，直接用于某些特定行业，称为第三方应用。

4.2.1　无害化处理

（1）填埋堆存

填埋堆存是现有废阴极炭块最主要的处理方法，将废阴极在土地中或指定地点堆积起来置于储存设备中，这些设备的寿命一般为 7～10 a。现印度铝电解废阴极处理主要采用填埋或储存处理，印度铝业公司选择环保型方式进行保存或填埋，部分企业通过石灰和漂白粉无害化处理后再贮存。

基于经济、技术和环境保护等方面的考虑，伊朗 Almahdi 铝厂产生的铝电解废弃物经无害化处理后选择了最合理有效的填埋处理工艺。Almahdi 铝厂位于距离伊朗霍尔莫兹干省班达拉巴以西 18 km 的地方。产生的废料有废阴极、耐火砖、铝渣、铸铁废料、滤渣等。每生产 1 t 铝产生 9 kg 左右的废阴极，是该厂最重要的废弃物。该铝厂对废阴极的处理提出了氟化物与氰化物的稳定与固化、有价组分回收、燃烧、填埋四种工艺，并对其优劣进行了对比评估，结果如表 4-7 所示。

表 4-7　Almahdi 铝厂废阴极处理工艺对比

对比项		工艺			
		氟化物与氰化物的稳定固化	有价组分回收	燃烧	填埋
技术	复杂程度	中	高	高	低
	操作难度	中	高	高	低
	能源必要性	中	高	—	—
	场地需求	中	中	低	高
	残渣安置需求	高	低	低	—
	水的需求	高	高	—	—
	化学物质需求	高	高	—	—
	危险污染物去除力	中	高	高	高
	新产生污染物	中	高	高	—
经济	投资费用	高	高	高	低
	流动资金	中	高	高	低
	产品营销力	低	—	低	—
环境保护	存在监控基础设施	中	低	低	高
	潜在的有害物质	中	中	中	—
	能源回收	—	—	中	—

在表 4-7 中，从技术和经济角度来看，填埋方式在废阴极处理方面比其他方式具有显著优势。然而，废阴极填埋处理工艺的突出问题是需要占用大量的土地，而在 Almahdi 铝厂附近的 Gachin 危险废物填埋场的存在(伊朗环保部门提出的)就可以有效解决这个问题。因此 Almahdi 铝厂选择填埋法作为废阴极处理的最佳方案。

废阴极的处理方式主要取决于各国的法律法规以及处理产生的经济效益、环境效益。据估算，当前废阴极主要处理方式仍为填埋堆存形式，有 3/4 以上的废阴极被堆放于贮存点。表4-8 为国外废阴极部分堆存案例。

表4-8 国外废阴极部分堆存案例

公司	堆存方式
埃及铝业（Egypt Alum.）	无衬垫填埋场
力拓加铝（Rio Tinto Alcan）	无衬垫填埋场、建筑厂房内
俄铝（UC Rusal）	含衬垫填埋场、工业固废堆场
巴林铝业（Aluminium Bahrain）	含衬垫填埋场
海德鲁铝业（Hydro Aluminum）	工业固废堆场
迪拜铝业（Dubai Aluminium Co.）	危废堆场
印度国家铝业（NALCO）	危废堆场

（2）氟化物、氰化物固化

废阴极中含有的氰根离子、氟离子是主要有毒害物质，而将可溶有害离子浸出分离并将之固化或者氧化分解是最为便捷、有效的方法之一。以下为氟离子和氰根离子常用脱除方法。

氟离子固定法：

$$2F^- + Ca^{2+} = CaF_2 \tag{4-23}$$

氰根离子过氧化氢氧化脱除法：

$$CN^- + H_2O_2 \longrightarrow CNO^- + H_2O \tag{4-24}$$

$$CNO^- + H_2O \longrightarrow NH_4CO_3^- \tag{4-25}$$

氰根离子氯化氧化法：氯气、次氯酸等。

$$ClO^- + CN^- \longrightarrow Cl^- + CNO^- \tag{4-26}$$

$$CNO^- + ClO^- + H_2O \longrightarrow CO_2 + N_2 + Cl^- + OH^- \tag{4-27}$$

氰根离子燃烧脱除法：

$$HCN + O_2 \longrightarrow H_2O + N_2 + CO_2 \quad (850\sim900\ ℃) \tag{4-28}$$

$$N_2 + O_2 \longrightarrow NO_x \quad (高于950\ ℃) \tag{4-29}$$

为实现无害化，科尔马克铝业公司选择碱液和石灰混合液浸泡废阴极以固定可溶氟离子。水浸废阴极以溶出氟化物，可实现废阴极炭块中可溶氟离子浸出率达97.8%，废阴极炭块经水浸处理后可作为非危固废排放。通过热水解法可分解废阴极中的氰化物，再利用石灰固定滤液中可溶氟化物为难溶氟化钙，滤液可循环利用。为脱除氰根离子，多位研究人员选择超声波场辅助浸出，在分离石墨与非碳物质的同时通过超声波场作用产生的 H_2O_2 氧化脱除氰根离子。超声波作用下溶液中产生的强氧化性物质 H_2O_2 对氰化物具有良好的破坏与脱除作用。研究发现：废阴极所含 F^-、CN^- 等离子在超声波场辅助作用 20 min 内完成溶解，超声波场产生的强氧化性 H_2O_2 可以将 CN^- 离子氧化为无害的 CNO^- 离子。氯化氧化法、高温燃烧分解法也是常用的氰根离子脱除方法。以 NaClO 溶液在近中性条件下破坏处理铝电解废阴极中的氰化物，氟化物被 0.5 mol/L H_2SO_4 强酸浸出提取。实验发现：通过 2.5% 的次氯酸钠溶液（pH=6.5）5 h 可以将 97% 以上的氰化物破坏。

火法工艺是废阴极无害化处理的有效途径之一，该工艺不仅可以在高温状态下实现氰化物的氧化分解，还能够使得氟化物与钙盐快速反应生成难水溶的氟化钙，实现氰化物和氟化物的高效脱除与固化。

材料采用 40% 白云石 +60% 废阴极炭，在 850 ℃ 条件下反应氧化分解氰化物，NaF 与白云石分解产生的 $CaCO_3$ 快速反应转化为氟化钙，实现了废阴极无害化处理；反应方程式见公式（4-30）~（4-31）：

$$CaMg(CO_3)_2 + 2NaF =\!=\!= CaF_2 + Na_2CO_3 + MgO + CO_2 \tag{4-30}$$

$$6CaMg(CO_3)_2 + 2Na_3AlF_6 =\!=\!= 6CaF_2 + 3Na_2CO_3 + 6MgO + Al_2O_3 + 9CO_2 \tag{4-31}$$

该工艺所需为常用设备，投资较低。钙盐固定可溶氟离子也在多个专利中得到了体现。

中铝郑州轻金属研究院以石灰与工业固体废弃物粉煤灰为添加剂，与废阴极经破碎、混合后在回转窑中高温煅烧，氰化物氧化分解，氟化物与石灰反应生成氟化钙或三类固体物质反应生成氟硅酸钙，工艺流程图见图 4-5。

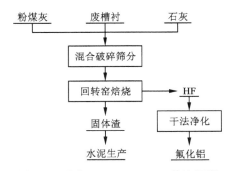

图 4-5　中铝 Chalco-SPL 工艺流程图

该工艺回收料中含有约 20% 的氟化钙，用作水泥原材料可节省萤石粉用量。以此工艺建成的工业示范厂处理后的废阴极中可溶氟离子和氰根离子大幅减少，分别为 39.7 mg/L 和 0.053 mg/L。表 4-9 为示范线工艺参数及熟料指标。

表 4-9 示范线工艺参数与熟料指标

工艺参数	A 阶段指标	B 阶段指标	平均值
生料消耗量/(kg·h⁻¹)	446.3	369.7	408.0
单位煤耗/(kg·h⁻¹)	34.15	42.1	38.1
单位电耗/(kW·h·h⁻¹)	17.87	19.14	18.5
生料平均含 F⁻ 量/(mg·L⁻¹)	1565.05	1607.35	1586.20
烧结带平均温度/℃	201.7	197.8	—
煤粉平均温度/℃	43.6	46.6	—
回转窑转速/(r·min⁻¹)	0.90	0.75	—
运转时间/h	398	288	—
熟料可溶 F⁻ 含量/(mg·L⁻¹)	73.50	114.37	93.93
固体渣可溶 F⁻ 含量/(mg·L⁻¹)	33.5	45.9	39.7

朱云等将粉碎后的废阴极(粒径小于 0.3 mm)与石墨球团(粒径为 0.5~1 mm),在高温条件下通入含水空气获得含氟盐烟气,烟气经高温氧化脱除含有的 CO、HCN 即可获得载氟氧化铝。该方法属于废阴极高温水解无害化处理范畴。

4.2.2 综合回收处理

废阴极中含有大量的可回收有价组分炭质材料、氟化物、铝化合物等,因此综合回收处理是实现废阴极资源化循环利用的有效途径。当前废阴极综合回收处理工艺主要分为浮选工艺、浸出工艺、火法工艺三类。

(1)浮选工艺

利用废阴极中主要成分石墨和无机化合物的亲疏水性不同,可通过浮选工艺实现石墨与非碳化合物的分离。废阴极浮选工艺一般选择煤油为捕收剂、二号油为起泡剂、硅酸钠为抑制剂,利用石墨的天然疏水性及电解质的亲水性捕收石墨粉。图 4-6 为浮选设备示意图,图 4-7 为废阴极浮选工艺流程图。

以低品位废阴极(炭纯度 36.1%)为实验对象,科研人员在最优条件 90%物料粒径低于 74 μm(-200 目)、搅拌速率 1700 r/min、矿浆浓度 25%下得到含碳量 80%以上的精矿。还有科研人员研究了药剂用量、pH、溶解组分浓度、粒径、矿浆浓度等因素对浮选过程的影响,探讨了浮选分离作为一种环境友好的处理工艺分离和回收石墨与其他化合物(NaF、CaF₂、冰晶石、β-Al₂O₃ 等)的实验过程。在浮选回收废阴极中有价物质的过程中,正交实验发现:以炭品位为评价指标时,粒径对浮选结果影响最大,其次为矿浆浓度,最小为主轴转速,最优条件下炭品

浮选工艺

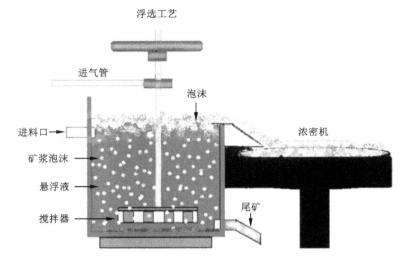

图4-6 浮选设备示意图

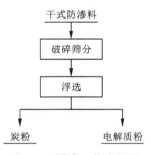

图4-7 浮选工艺流程图

位为64.37%;当以炭回收率为评价指标时,气体流量对浮选效果影响最大,刮板速度影响最小,最优条件下炭回收率为78.18%。通过一粗选三精选一扫选,可获得纯度超过80%的炭精矿。

本书作者团队对取自贵州某电解铝厂的废阴极进行破碎粉磨得到74 μm(-200目)以下的粉末,以此为研究对象,通过浮选工艺(XFD-1.5型单槽浮选机)分离回收炭材料。废阴极经粉碎分级后与水混合,浮选槽通电搅拌;依次加入抑制剂、捕收剂、起泡剂,启动刮板刮出泡沫,待无细碎泡沫产生后停电,分别过滤刮出的上层泡沫渣和底层渣,干燥后检测碳含量。考查了矿浆浓度、药剂制度、物料粒径等因素的影响。图4-8为不同因素下所得的炭品位及炭回收率变化趋势图。所得炭粉纯度为 80.67%。通过正交实验研究了浮选药剂制度对上层渣中碳含量影响的主次关系，结果发现捕收剂对上层渣中炭品位影响最为显著，抑制剂次之，起泡剂影响最小。正交实验所得最优组合与单因素实验结果吻合度较高。

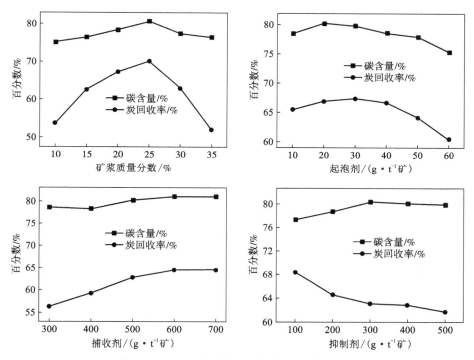

图 4-8　不同因素对炭品位与炭回收率的影响

浮选工艺对铝电解废阴极中炭质材料和电解质具有明显的分离效果，但因为炭质材料与电解质的黏附、夹杂、包裹等作用，浮选所得炭材料纯度不高、难以满足高值化利用的需求，因此需要对炭粉进行深度纯化除杂。

（2）浸出工艺

废阴极中含有的非炭组分氟化钠、氧化铝、冰晶石、碳化铝、氮化铝等，这些组分可以在酸溶液或碱溶液中溶解或发生化学反应，非炭组分可以通过碱浸出与炭质材料分离。非炭组分在碱液中发生的主要化学反应如下：

$$Al_2O_3 + 2NaOH + 3H_2O == 2NaAl(OH)_4 \tag{4-32}$$

$$Na_3AlF_6 + 4NaOH == NaAl(OH)_4 + 6NaF \tag{4-33}$$

$$Al(OH)_3 + NaOH == NaAl(OH)_4 \tag{4-34}$$

$$AlN + NaOH + H_2O == NaAlO_2 + NH_3 \tag{4-35}$$

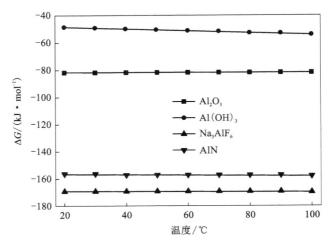

图 4-9　废阴极碱浸过程 ΔG-T 图

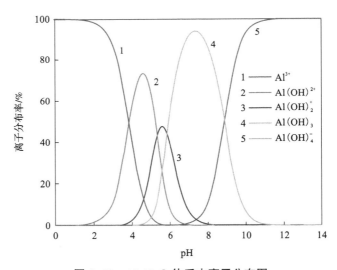

图 4-10　Al-H$_2$O 体系中离子分布图

　　由图 4-9~图 4-11 可知，废阴极中非炭组分冰晶石、氧化铝等物质可以在碱溶液中与碱发生反应生成可溶于碱液的离子，热力学计算反应吉布斯自由能小于 0，表明方程(4-32)~(4-35)反应可以自发进行。在 Al-H$_2$O 体系中，随着 pH 的升高，铝元素最终以 Al(OH)$_4^-$ 形式存在，氧化铝、氢氧化铝等均可以在碱液中转化为可溶性离子；在 Al-F-H$_2$O 体系中，冰晶石 Na$_3$AlF$_6$ 也可以随着 pH 增大而转化为可溶性离子。

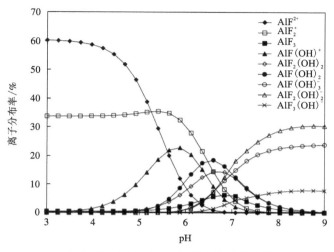

图 4-11　Al-F-H₂O 体系中离子分布图

$$图 4-11\quad Al-F-H_2O\ 体系中离子分布图$$

东北大学石忠宁教授团队通过氢氧化钠浸出—盐酸浸出两步联合法分离废阴极的非炭组分，获得了纯度为 96.4% 的炭粉；浸出液混合后调整 pH 可析出冰晶石，氟离子通过钙盐固化。酸浸除杂效果较碱浸效果更强，对最终产物的纯度具有较强的保障作用，但因废阴极中含大量可溶于水的氟化钠，易在酸溶液中产生挥发性 HF 逸出污染环境，因此需要先进行水洗或碱浸脱除氟化钠再进行酸浸深度脱杂；硫酸和盐酸对碱浸除杂后的废阴极进一步提纯效果相类似，但硫酸易与废阴极中的氟化钙反应生成难溶物质硫酸钙，因此选择盐酸效果更好。对实验得到的最优工艺参数进行放大实验，得到了纯度理想的炭粉和冰晶石，放大实验结果见表 4-10。图 4-12 为东北大学公开的废阴极碱酸联合处理工艺流程图。

表 4-10　放大实验结果

原料质量/g	试剂		产物				
	NaOH 质量/g	HCl 体积/mL	C 质量分数/%	NaF 质量/g	Na₃AlF₆ 质量/g	CaF₂ 质量/g	NaCl 质量/g
10	6	50	4.97(97.2%)	1.48	3.85	1.35	14.75
100	50	100	53.17(91.0%)	15.36	42.55	1.58	74.32
200	100	200	98.93(97.6%)	9.15	81.14	20.76	
1000	500	1000	501.3(96.4%)	90.46	398	192.2	

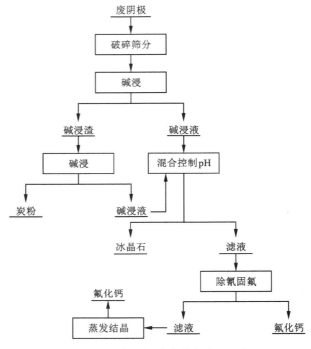

图4-12　废阴极碱酸联合处理工艺

　　昆明理工大学谢刚教授团队开展了废阴极浮选工艺回收炭质材料和电解质的相关研究，在综合考虑碱浸除杂与浮选分离工艺优势的基础上，先以氢氧化钠溶液浸出废阴极中的氟化钠、氧化铝，F浸出率最高达86.53%、Al_2O_3浸出率最高达79.46%；对浸出液通入二氧化碳进行碳酸化分解制备冰晶石和氢氧化铝；碱浸处理的炭渣通过一粗一扫二精浮选过程将其炭品位提升至85.16%。实验整体流程图见图4-13。废阴极先通过氢氧化钠溶液酸浸处理可以将其中含有的氟化钠、氧化铝、冰晶石等脱除，有效回收其中的氟、铝有价元素。此外，氟化钠在碱浸工序中进入溶液，会降低电离产生的离子对后续浮选工艺的影响。但是，该工艺缺点为流程复杂、所得最终炭粉纯度不高，如炭粉中含有的不溶于碱液的物质氟化钙等以及碱浸未能完全去除的冰晶石、氧化铝、$\beta-Al_2O_3$等可以在酸溶液中进一步与炭分离，但此类化合物在浮选过程中难以进一步分离，炭粉纯化效果不理想。

　　力拓加拿大铝业公司（Rio Tinto Alcan）研发了一种名为低碱浸出+石灰化（Low Caustic Leaching and Liming, LCL & L）铝电解废阴极综合处理工艺。第一步，水洗，分离提取废阴极中的可溶氟化物和大部分氰化物；第二步，以低浓度

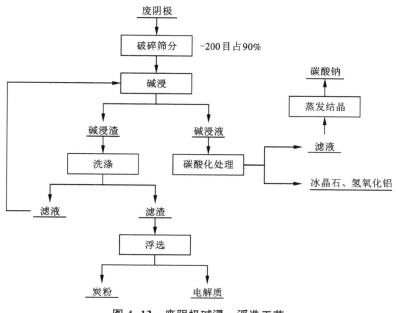

图 4-13　废阴极碱浸—浮选工艺

碱液进一步提取剩余的氟化钠和氰化物；第三步，因废阴极中可能存在锂，需要额外的水浸活化过程；第四步，通过低浓度碱液浸出以消除锂对可溶氟化物的保护作用。四步处理后产生的炭质副产品湿度约为 30%，基本上是惰性的，符合相关环境法规要求，处理渣中可溶氟化物平均浓度为 35 mg/kg，氰化物浓度为 60 mg/kg。滤液中含有溶解的氟化物和氰化物，在加压反应器中加热至 180 ℃ 保温 1 h 以破坏氰化物，然后蒸发得到氟化钠沉淀。NaF 是 LCL & L 工艺副产品之一。过滤后，固体 NaF 被重新溶解在水中，并与石灰进行碱化，生成可以进行估价或安全处理的氟化钙，而滤液（一种浓碱液）则在 RTA 附近的 Vaudreuil 氧化铝精炼厂进行再次利用。该工艺主要产物有炭质副产品、氟化物副产品（如氟化钠氟化钙等）以及浓缩的碱溶液。LCL&L 工艺流程图见图 4-14。LCL&L 工艺已于 2008 年在加拿大魁北克省建成了年处理 8×10^4 t 的示范厂并投入运行。

对不同粒径（颗粒尺寸最小 13.964 μm、均值 102.136 μm、最大值 296.079 μm）的废阴极通过扫描电镜研究发现，废阴极中大部分无机组分附着在石墨颗粒上，形成了相对较薄的层（约 1 μm），如图 4-15 所示。这些无机组分可与任何浸出液完全接触。Parhi 选择硫酸和高氯酸提纯废阴极，分别得到炭品位为 70.83% 和 71.76% 的炭粉。在此基础上选择碱浸—高氯酸浸出联合处理改进工艺，处理后炭渣纯度 87.03%；通过正交实验明确温度为影响浸出效果最显著

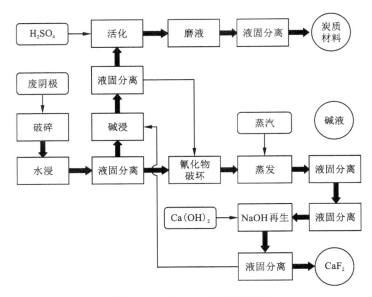

图 4-14 LCL&L 工艺流程图

图 4-15 废阴极 SEM 图

的实验因素，而液固比为影响最小的
因素。Parhi 还进行了碱浸—硫酸浸出
处理废阴极，在此过程中碱浓度和温
度是最显著的实验因素，得到了纯度
为 81.27% 的浸出渣。废阴极中非炭组
分可以通过碱溶液或酸溶液进行有效
去除以提纯炭质材料。

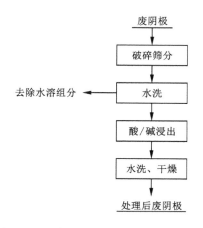

图 4-16　废阴极碱浸—酸浸处理工艺

　　一般说来，酸浸、碱浸可以实现废
阴极中可溶化合物的快速、深度溶解，
非碳物质浸出率较高；但是酸碱浸出
存在腐蚀性强、设备要求高等弊端。
因此，部分研究人员选择相对更温和
的盐溶液进行浸出实验。Diego
Fernández Lisbona 等选择两步浸出（水
浸和 Al³⁺ 溶液浸出）、硝酸铝+硝酸浸出、炭素阳极生产废水浸出等多种浸出工艺
对铝电解废阴极中的可溶化合物进行了分离提纯，研究了铝化合物、氟化物、氰
化物等在不同浸出剂中的化学表现。图 4-17 为废阴极中有价元素铝通过铝阳极
氧化废水浸出处理后得到的水合羟基氟化铝晶粒生长过程。

　　溶液浸出可以完成废阴极中可溶物质与炭的分离，但很多时候机械搅拌浸出
效果并不理想。科研人员选择了超声波辅助浸出，超声波在传播过程中携带大量
能量，与传播介质相互作用会产生一系列超声效应：空化效应、热效应、机械效
应、化学效应等。空化效应使得溶液中产生局部高温、高压，在极短时间、极小
空间内温度可达 5000 ℃ 以上，压强约为 5.05×10^5 kPa，从而使得固体颗粒由缝
隙、微孔处分离，如图 4-18 所示。超声波辅助浸出已经在湿法冶金领域得到了
广泛应用。Nemchinova 等选择超声波辅助碱浸分离废阴极中的氟化物，在最优条
件下氟浸出率为 69.87%。Saterlay 等选择超声波场辅助水浸提取废阴极炭块中所
含氰化物和其他离子，结果表明：废阴极所含 F^-、Na^+、CN^- 等离子均可以在超声
波场辅助作用 20 min 内完成溶解；超声波场中原料粒径小于 5 mm 浸出 1 h 所得
结果与国家河流管理局（NRA）测试 24 h 结果一致；超声波场作用下水溶液中可
产生强氧化性物质 H_2O_2，有利于有毒物质氰化物的破坏与脱除。选择超声波辅
助碱浸废阴极，相比于常规机械搅拌碱浸过程，超声波辅助浸出时间缩短了
55.6%，所得石墨粉纯度更高、粒径更小。

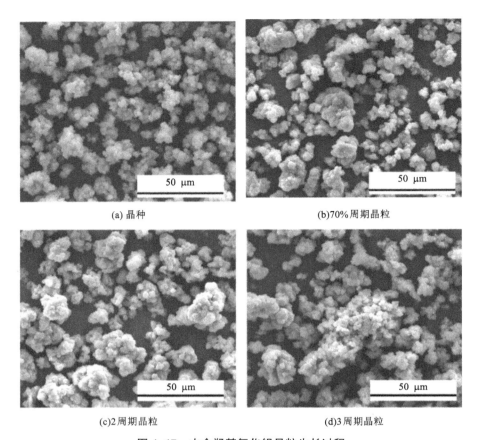

(a) 晶种

(b)70%周期晶粒

(c)2周期晶粒

(d)3周期晶粒

图 4-17 水合羟基氟化铝晶粒生长过程

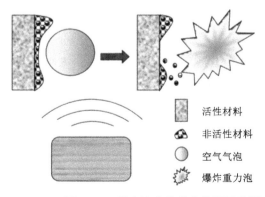

活性材料

非活性材料

空气气泡

爆炸重力泡

图 4-18 超声波空化效应作用示意图

　　作者对废阴极进行了理化性能分析,选择氢氧化钠溶液进行碱浸除杂,图 4-19 为单因素实验结果。在单因素实验结果基础上,对碱浸过程进行了响应曲面优化,表 4-11 为响应曲面方差分析结果,图 4-20~图 4-22 为不同因素间交互作用结果。

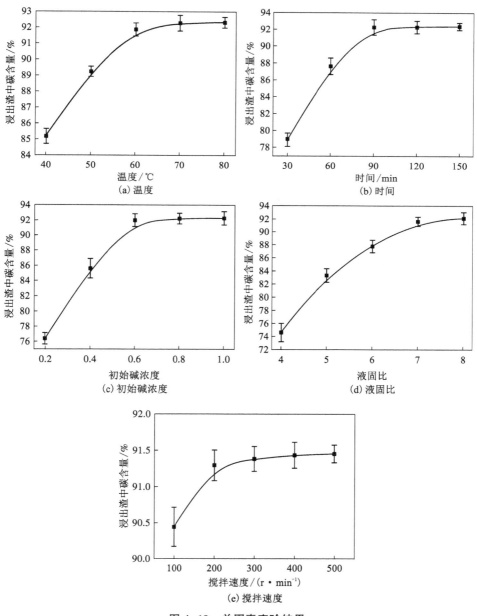

图 4-19　单因素实验结果

表 4-11　铝电解废旧阴极炭块碱浸模型的方差分析

项目	平方和	均方差	F 值	P 值 Pro>F	
模型	36.15	4.02	150.60	<0.0001	显著
X_1	2.48	2.48	92.81	<0.0001	
X_2	2.24	2.24	83.86	<0.0001	
X_3	21.32	21.32	799.35	<0.0001	
X_1X_2	0.36	0.36	13.50	0.0079	
X_1X_3	2.5×10^{-5}	2.5×10^{-5}	9.373×10^{-4}	0.9764	
X_2X_3	0.39	0.39	14.65	0.0065	
X_1^2	0.25	0.25	9.21	0.0190	
X_2^2	0.86	0.86	32.18	0.0008	
X_3^2	7.72	7.72	289.41	<0.0001	
残差	0.19	0.027			
类似项	0.15	0.049	5.04	0.0762	不显著
纯误差	0.039	9.77×10^{-3}			
校正总和	36.34				

注：$R^2=0.9949$；$R_{adj}^2=0.9883$。

由图 4-20 可知，碱浸过程温度与时间曲面呈双曲面形，等高线呈椭圆形，交互作用显著。当初始碱料比为 0.25 时，升高温度和延长时间对废旧阴极炭粉浸出提纯均有促进作用，两因素对应的曲线斜率相似，说明温度和时间对浸出结果的影响相近。当浸出时间为 90 min 时，随着温度从 40 ℃升高到 80 ℃，浸出渣中碳质量分数从 90.75% 增大到 91.45%，说明升高温度可以有效提高废旧阴极炭块杂质浸出率。作为一个非均相反应过程，温度升高，使得溶液中粒子活动性增强，粒子布朗运动加剧，内扩散阻力降低，溶液反应条件改善，杂质浸出率升高。相同，当反应温度为 80 ℃时，随着浸出时间从 30 min 延长到 90 min，浸出渣中碳质量分数从 90.8% 增大到 91.45%，说明延长浸出时间有利于提高杂质浸出率。

由图 4-21 可知，随着温度的升高和初始碱料比的增大，浸出渣中碳质量分数变化趋势不尽相同，升高温度可以促进杂质的有效提纯，当初始碱料比为 0.1 时，浸出渣中碳质量分数从 40 ℃时的 87.46% 增大到 80 ℃时的 88.38%；当温度为 80 ℃，初始碱料比为 0.1 时浸出渣含碳量为 88.38%，初始碱料比为 0.4 时浸出渣含碳量为 91.69%。根据方差分析表中数据，温度与初始碱料比的

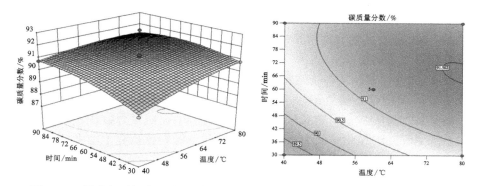

图 4-20　温度与时间交互作用(初始碱料比为 0.53)对浸出渣碳质量分数的影响

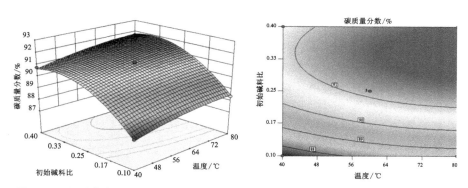

图 4-21　温度与初始碱料比交互作用(时间为 72 min)对浸出渣碳质量分数的影响

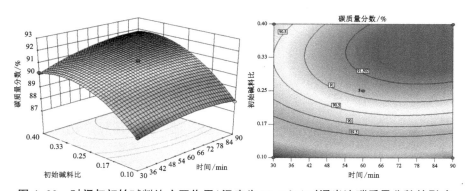

图 4-22　时间与初始碱料比交互作用(温度为 72.5 ℃)对浸出渣碳质量分数的影响

交互作用不显著，这是因为随着初始碱料比的增大，浸出渣中碳质量分数变化呈现先增大后降低的趋势，过多的碱使得溶液中存在大量氟化钠，氟化钠(NaF)溶解度低；同时，温度的升高易导致溶液中产生 $AlF(OH)_x$，两个不同的现象造成了交互作用不显著的影响。

图4-22中，时间与初始碱料比的交互作用显著，曲面呈双曲面形，等高线呈椭圆形。时间的延长促进了浸出渣中碳质量分数的增长，当初始碱料比为0.4时，当反应时间从30 min延长到90 min，浸出渣中碳质量分数从90.23%增大到91.72%；相同的，浸出时间为90 min时，当初始碱料比从0.1增大到0.4，浸出渣中碳质量分数从87.87%增大到91.72%。

由图4-20~图4-22可知，理论上，初始碱料比在一个合适的点，温度越高、时间越长，废旧阴极炭块中杂质的浸出率越高，但高温和长时间是对实验设备和循环周期的一个挑战，因此，需要优化实验参数，得到最优浸出条件。

通过软件(Design-Expert 8.0.6)分析计算，最佳浸出条件为温度78.5 ℃、浸出时间104.9 min、初始碱料比0.32，预测浸出渣含碳量为92.11%。在最佳实验条件下进行了3次重复实验，对比了实际和预测的含碳量值。实验结果与预测值吻合较好，相对误差仅为0.32%。响应曲面法可以优化废阴极碱浸提纯过程的工艺参数，经软件计算分析可获得更准确合理的工艺条件与最终实验结果。

(3)火法工艺

高温条件下废阴极中含有的炭质材料可以发生燃烧反应产生热量，氟化物可以在温度高于其沸点后缓慢挥发，氰化物则易与氧气反应生成无害的氮气和一氧化氮。高温处理可有效实现废阴极无害化处理。

对废阴极进行TG-DSC热分析，结果如图4-23所示。在空气气氛中废阴极在500~800 ℃之间出现明显的放热峰，而在氮气气氛中此温度区间则无明显的

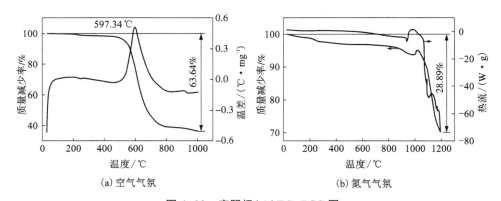

(a) 空气气氛   (b) 氮气气氛

图4-23　废阴极(A)TG-DSC图

峰，这是由废阴极中的炭在氧气中燃烧放热产生。在氮气气氛中，温度高于900 ℃时开始出现放热峰并伴随着质量下降，表明在此条件下氟化钠开始出现挥发现象。

图4-24~图4-27为国内4家不同铝电解企业排放的废阴极热重分析图。热重分析结果再次验证了废阴极中炭质材料的存在及其燃烧反应温度区间，表明废阴极可以在500 ℃以上通过燃烧反应脱除其中的炭材料，也可以作为燃料替代物二次利用。

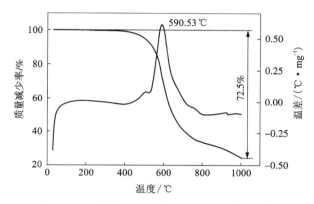

图 4-24　废阴极（B）TG-DTA 图（空气气氛）

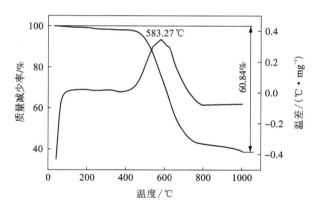

图 4-25　废阴极（C）TG-DTA 图（空气气氛）

20世纪八九十年代，废阴极火法处理主要思路为高温（700 ℃）环境中破坏氰化物并加入石灰产生氟化钙以固定可溶氟化物，处理后的废阴极用于水泥等第三方产业，比较著名的是科尔马克公司的 COMTOR 工艺。当处理含有冰晶石

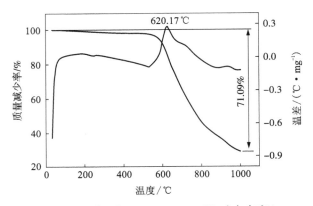

图 4-26　废阴极(C) TG-DTA 图(空气气氛)

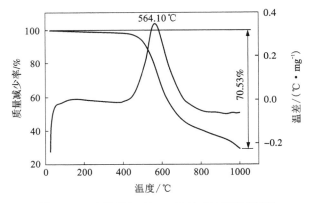

图 4-27　废阴极(D) TG-DTA 图(空气气氛)

（Na_3AlF_6）和其他氟化物、碳和耐火材料中的铝硅酸盐的废槽衬时，过程将更加复杂。这种情况下，高温过程将产生干燥的氢氟酸、氧化铝、氧化钠和铝硅酸盐等惰性渣。

美铝澳大利亚公司开发了通过奥斯麦特炉处理废阴极的工艺，其目的是产生可重复使用的工业废料，并通过 $Al(OH)_3$ 收集 HF 在干式洗涤器中生成 AlF_3。该工艺曾被商业化但现在已停产，其工艺流程见图 4-28。

在澳大利亚新南威尔士州，Regain 公司研发了一种低温工艺，通过破坏简单的氰化物来钝化废阴极（碳化物、氮化物等）。简化的流程图如图 4-29 所示。低温除氰化物过程中可以有效防止氟、钠等元素的挥发，尾气处理后排空；失活的产物材料更容易运输，但仍然是危险废弃物，这将限制其回收利用的适宜性。

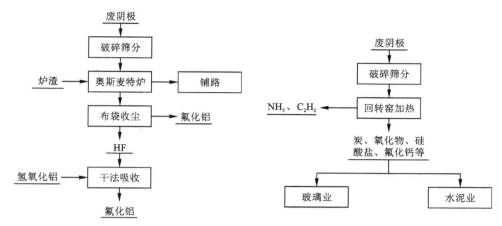

图 4-28　奥斯麦特炉处理工艺流程图　　　　图 4-29　Regain 工艺

　　废阴极炭块中含有大量的碳质材料，但受密实度高、无机不燃杂质含量高等因素影响，废阴极炭块在常规条件下可燃性并不佳。对废旧阴极炭块进行燃烧实验，以马弗炉模拟静态燃烧，在 900 ℃下燃烧 3 h 燃烧率仅为 21.8%，静态燃烧处理工艺难以实现废阴极高效处理；与之相比回转窑中燃烧处理废阴极效率更高，在 900 ℃、粒径 1~3 mm、空气量 1.5 m³/h 的最佳工艺条件下反应 1.5 h 即可实现燃烧率 86.4%。对燃烧反应后的粉料进行重选分离，轻相返回继续燃烧处理，重相中可溶氟离子含量为 89.56 mg/L，低于国家相关排放标准，尾气经处理后也可达到环保要求。

　　通过高温焙烧可实现废阴极中石墨的纯化。研究发现：在 1600 ℃下将 -200 目废阴极粉末热处理 1 h 可获得纯度为 97.22% 的石墨粉。张博等通过高温焙烧+差热热重实验研究了有氧/无氧状态下铝电解废阴极的反应特性，结果表明：氟化钠和冰晶石在无氧状态下 800~1100 ℃发生分解反应并挥发，而在有氧环境中 500~800 ℃下炭燃烧、氟化钠和冰晶石的分解反应受到抑制。研究结果为铝电解废阴极的高温分离提供了理论参考。

　　(4) 真空蒸馏法

　　真空蒸馏法是最近几年开始应用于废阴极高温热处理的一种新工艺。通过控制真空蒸馏过程的温度、炉内压强，可以使得氟化物受热转化为蒸气后在冷凝器中回收，在此过程中氰化物受热分解。图 4-30 为真空热还原炉示意图。

　　大多数反应物的蒸气压可以通过 Antoine 方程计算得出。表 4-12 为废阴极中氟化物和碱金属的蒸气压数据。应注意的是，计算氟化物和碱金属蒸气压的 Antoine 方程是纯液体化合物的方程，因此可能不同于复杂混合物的方程。事实

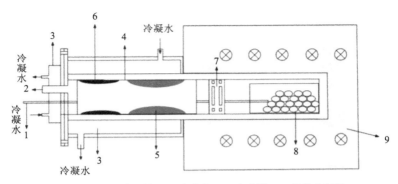

1—热电偶；2—真空管；3—水冷套；4—电容器；5—晶体电解质；
6—水晶钠；7—隔热挡板；8—废阴极碎片；9—炉体。

图 4-30 真空热还原釜原理图

上，因为电解质进入废阴极炭块是一些熔点较低的氟化物的混合物，它们的蒸气压高于表 4-12 中所列的数据。

表 4-12 废阴极中氟化物和碱金属蒸气压数据   单位：Pa

组分	800 ℃	900 ℃	1000 ℃	1100 ℃	1200 ℃	1300 ℃	1400 ℃	1500 ℃
CaF_2	—	—	—	—	—	—	—	59.9
NaF	—	—	98.3	187.8	328.8	536.1	824.7	1208.6
AlF_3	34.0	110.3	297.7	695.7	1449.4	2751.4	4839.9	7989.7
LiF	—	—	—	189.1	340.7	568.2	889.6	1322.1
KF	—	148.3	288.6	504.0	809.3	1216.1	1732.5	2363.2
MgF_2	—	—	—	—	—	58.00	104.3	174.1
$NaCN$	117.7	227.0	394.0	629.9	943.6	1341.3	1826.9	—
Na	1683.2	2551.1	—	—	—	—	—	—

可以看出，在一定的真空条件下，除 CaF_2 和 MgF_2 外，废阴极炭块中可能存在的大部分氟化物和碱金属都能从 1100 ℃ 以上的废阴极中蒸馏出来。虽然没有冰晶石的 Antoine 系数，但通过蒸馏实验得到冰晶石的蒸馏结果与 NaF 相似。CaF_2 的熔点较高，只有在蒸馏温度超过 1500 ℃ 时才能从废阴极炭块中蒸馏出来。温度—真空联控工艺是近几年提出的废阴极炭块高效处理工艺之一，在该工艺条件下，高温挥发氟化物的同时可以热分解氰化物，在 1700 ℃、3000 Pa 条件下反

应 2 h 可完全分解氰化物并将可溶氰化物质量浓度降低至 3.5 mg/L, 所得炭粉中固定碳质量分数不低于 97%。温度和压力是影响废阴极炭块脱毒的重要因素。较高的温度使氟化物达到熔点, 并从废阴极中除去。系统的较低压力可以降低氟挥发所需的温度, 氟可以在较低的温度下从炭中分离出来。图 4-31 为高温除氰化物和氟化物效果。

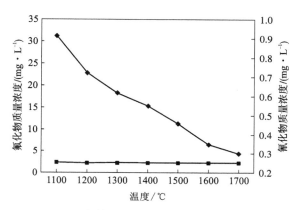

图 4-31　3000 Pa 条件下温度对氟化物和氰化物去除率的影响

Wang 等采用真空精馏工艺分离回收炭, 结果表明: 在 1200 ℃ 条件下, 真空蒸馏法能有效地从废阴极中分离出 Na_3AlF_6、NaF 和金属钠, 精馏率达 80% 以上; 蒸馏后的废阴极碳质量分数在 91% 以上, 杂质主要为 CaF_2 和氧化铝。

表 4-13　铝电解废阴极综合处理工艺对比

分类	浮选	浸出	热处理
主要工艺	浮选	酸浸 碱浸 盐液浸出 超声波辅助浸出	真空蒸馏 碱熔 焙烧 与赤泥协同处置
优点	流程简单 处理量大	流程简单 产物纯度高	有价物质利用率高 产物纯度高 二次污染小
缺点	产物纯度低	产生二次污染源	高温、操作条件差 设备要求高

4.2.3　第三方应用

废阴极中主要组分为石墨，具有极高的燃烧性能，碳在高温火法冶金中也是常用的还原剂，因此废阴极常用作第三方工业生产以替代燃料或还原剂。此外，废阴极中的铝化合物、氟化合物在高温反应中也可以在一定程度上改变高温冶炼渣的黏度、活性等理化性能。基于此，第三方工业应用越来越成为废阴极处理的有效途径之一，对此科研人员和生产技术人员都投注了大量精力。

（1）冶金生产

高磊选择废阴极作为冶金炉燃料替代品，通过热力学模型计算证明了废阴极具有替代焦炭（煤）的可行性，且氟化物进入炉渣、氰化物高温分解，降低了铝电解废阴极的有害性。Mazumder 等阐述了废阴极酸浸副产品炭粉用于高炉炼铁的工艺，证明了工业废弃物再利用对整个流程经济效益改善的效果。Meirelles 等将废阴极作为氟石替代物用于炼钢生产，通过调整工艺参数降低了生产成本。

赵洪亮等研究了以废阴极炭块和废侧部炭块为还原剂，替代工业煤提取转炉渣中有价金属铜和钴，研究发现，废阴极中含有的氟化物可有效改善渣型，最终提高金属提取率，废阴极为还原剂时铜、钴回收率分别为 97.3% 和 99.3%，较工业煤为还原剂分别提升 5.9% 和 4.5%；以碳化硅侧部炭块为还原剂，铜、钴回收率分别为 95.4% 和 90%。图 4-32 为反应产出的冰铜形貌。

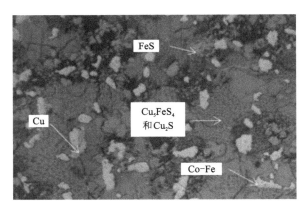

图 4-32　反应后冰铜形貌

整个处理工艺分为还原过程、硫化剂分解、硫化过程等工序，各工序所含反应方程式及其热力学计算过程见化学反应方程式（4-36）~式（4-56）。当温度在 1300 ℃以上时，各反应吉布斯自由能均小于 0。图 4-33 为各反应吉布斯自由能与温度之间的关系图。

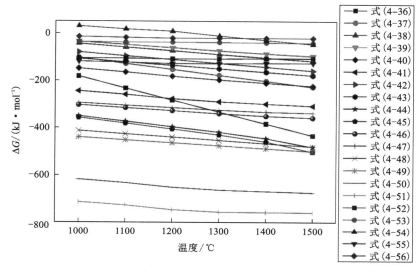

图 4-33　各反应吉布斯自由能与湿度的关系图

$$Fe_2O_3 + 3C \Longrightarrow 2Fe + 3CO_{(g)} \tag{4-36}$$

$$2Fe_2O_3 + 3C \Longrightarrow 4Fe + 3CO_{2(g)} \tag{4-37}$$

$$FeO + C \Longrightarrow Fe + CO_{(g)} \tag{4-38}$$

$$2FeO + C \Longrightarrow 2Fe + CO_{2(g)} \tag{4-39}$$

$$Cu_2O + C \Longrightarrow 2Cu + CO_{(g)} \tag{4-40}$$

$$2Cu_2O + C \Longrightarrow 4Cu + CO_{2(g)} \tag{4-41}$$

$$CoO + C \Longrightarrow Co + CO_{(g)} \tag{4-42}$$

$$2CoO + C \Longrightarrow 2Co + CO_{2(g)} \tag{4-43}$$

$$3Fe_3O_4 + SiC \Longrightarrow 9FeO + SiO_2 + CO_{(g)} \tag{4-44}$$

$$4Fe_3O_4 + SiC \Longrightarrow 12FeO + SiO_2 + CO_{2(g)} \tag{4-45}$$

$$3FeO + SiC \Longrightarrow 3Fe + CO_{(g)} + SiO_2 \tag{4-46}$$

$$4FeO + SiC \Longrightarrow 4Fe + CO_{2(g)} + SiO_2 \tag{4-47}$$

$$3CoO + SiC \Longrightarrow 3Co + CO_{(g)} + SiO_2 \tag{4-48}$$

$$3CoO + SiC \Longrightarrow 3Co + CO_{(g)} + SiO_2 \tag{4-49}$$

$$3Cu_2O + SiC \Longrightarrow 6Cu + CO_{(g)} + SiO_2 \tag{4-50}$$

$$3Cu_2O + SiC \Longrightarrow 6Cu + CO_{(g)} + SiO_2 \tag{4-51}$$

$$Cu_2O + Fe \Longrightarrow 2Cu + FeO \tag{4-52}$$

$$CoO + Fe \Longrightarrow FeO + Co \tag{4-53}$$

$$4CuFeS_2 \Longrightarrow 2Cu_2S+4FeS+S_{2(g)} \qquad (4-54)$$

$$Cu_2O+FeS \Longrightarrow Cu_2S+FeO \qquad (4-55)$$

$$2Cu+FeS \Longrightarrow Cu_2S+Fe \qquad (4-56)$$

作为炭还原物质,废阴极还可以用于铜渣中有价金属的回收。吴国东等以废阴极为还原剂,火法贫化艾萨铜熔炼渣以回收金属铜,回收率可达 98.24%;尾渣中氟离子以氟化钙形式固化。与常规炭还原剂相比,废阴极中的氟化物可以与渣中的 CaO 反应形成 CaF_2,熔渣黏性降低,密度相对较大的冰铜和单质铜易于向下层富集沉降,故贫化效果的得到优化。

废阴极中的炭可以实现熔炼渣中铁元素的相变,图 4-34 中,随着废阴极添加量的增大,渣中的 Fe_3O_4 逐渐被还原为 FeO,并随废阴极量增大而进一步降低价态转变为单质 Fe;在此过程中,渣中 CuO、Cu_2O、Cu_2S 等铜化合物被还原为单质 Cu。但是,单质 Fe 的产生会对熔渣性质产生影响,导致渣黏度和液相线上升,渣铜分离动力学条件恶化。因此,吴国东选择废阴极添加量为 2%。碳热还原过程中,废阴极中的 F^- 离子与渣中 CaO 生成的 CaF_2 不仅可以起到固定有害物质可溶氟离子的作用,还可以作为助熔剂降低渣黏度,促进渣铜分离,提高铜回收率。

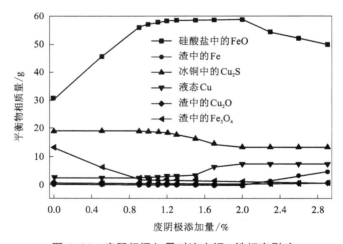

图 4-34　废阴极添加量对渣中铜、铁相变影响

利用铝工业产生的对环境有害的废阴极中的碳和氟来提高铜转炉中铜回收率的方法也是废阴极综合利用的新思路之一。数值模拟结果表明,在转炉熔渣中加入 3%~4% 的废阴极,铜回收率可达 90%。废阴极中的氟化物和含钠化合物降低了渣的黏度,使冰铜液滴的沉降速度更快。在这一过程中,通过破坏氰化物以形成无害的 N_2 气体,并使硅酸铁渣中的氟化物以稀释得多的形式惰化,最终使废阴极脱毒。

以废阴极为还原剂贫化电炉铜渣，图4-35为工艺流程图。废阴极作为还原剂不仅可以回收铜冶炼渣中的铜，也可以回收其中的铁元素。

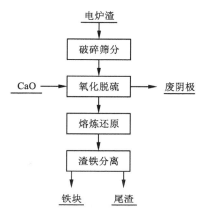

图4-35 废阴极贫化转化铜渣工艺流程图

（2）水泥生产

基于高含量耐火材料与高燃烧值的炭质材料，废阴极常被用作燃料和水泥生产的原材料。

巴西将废阴极应用于水泥生产。为了评价废阴极共处理对水泥性能的可能影响，对不采用废阴极处理的水泥和熟料样品，以及采用废阴极处理的相同材料的样品进行了浸出、增溶和重金属测试。用废阴极法制备的熟料中金属含量与不用废阴极法制备的熟料中金属含量无显著差异，浸出试验未超过NBR 10004中限定含量。经增溶试验证实，其成分在不同生产工艺产出的熟料和水泥中超过NBR 10004中的限定含量，唯一的例外是氟，用废阴极生产的熟料和水泥中的氟含量超过了限值，尽管已有99.9%的氟被水泥化学固定。协同处理的优势有：降低环保压力，减少氮氧化物的产生，提高环境控制能力以及增大社会参与度与社会效益，同时还可以减少能量消耗与原材料消耗。Renó等基于上述生产过程，采用能源评估系统对水泥生产过程进行了综合分析，发现铝电解废阴极炭块在水泥生产中取代一部分燃料，这并不会改变最终产物的物理化学性能。

为明确废阴极作为燃料在水泥业中的燃烧结果并与传统燃料煤的燃烧对比，Ghenai等通过流体动力学计算分析，以研究当SPL用作替代燃料并抵消水泥工业中使用的传统煤炭时的燃烧性能以及排放（NO_x和CO_2）特性，详细描述了废阴极燃烧过程，如火焰温度、燃料颗粒脱挥发和燃尽率以及物质浓度的形成。研究总体目标是管理和呼吁使用来自铝工业的废阴极在水泥工业固体废物管理和能源回收的闭环。模拟了废阴极位于炉膛不同位置燃烧产生的温度差异，发现与煤相比，水洗后进行 NaOH 和 H_2SO_4 处理过的废阴极燃料燃烧温度更低，炉口 NO 和 CO_2 排放更低；结果表明，最终处理后的燃料具有良好的稳定性，可作为水泥工业的代用燃料替代煤炭以减少水泥工业燃烧器的污染物排放。

废阴极作为燃料用于水泥生产，表 4-14 中为所得熟料质量分析结果。

表 4-14　水泥熟料质量分析结果

时间	标稠用水量/g	初凝时间/min	终凝时间/min	抗折强度/MPa		抗压强度/MPa	
				1 d	3 d	1 d	3 d
18 天(空白)	24.1	97	146	6.3	6.0	31.2	29.1
19 天	24.0	111	159	6.4	6.2	30.7	29.5

(3)其他行业

Krüger 提出将废阴极作为原料用于铁硅锰合金制备，在此基础上，研究了铁合金炉中废阴极的最可能组分及其与现有组分的相互作用，此外还对铁合金熔炼的相关特点进行了识别和表征。模拟结果表明，从技术角度看，废阴极中炭质馏分是一种适合于铁硅锰合金配料生产的组分，虽然部分数据已经通过工业探索试验获得了验证，但具体制备过程仍需要进一步开展相关试验。

铁硅锰合金的生产是通过碳在矿热炉(SAF)中同时还原锰和硅进行的，如图 4-36 中工艺流程图所示，炉料由锰矿石、含锰渣、石英(或石英岩)碳源和助

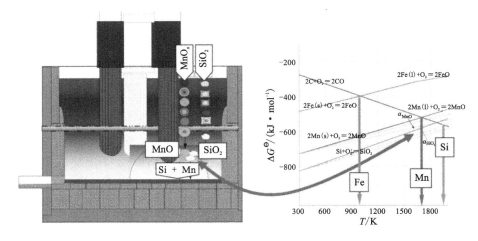

图 4-36　铁硅锰合金制备方案和还原温度(易还原铁没有显示)

熔剂组成，锰的还原温度由其较低的氧化物 MnO 与碳之间的反应决定，取决于其在炉渣中的活性；自由 MnO 浓度越高，还原温度越低，相反，$MnSiO_4$ 浓度越高，其还原温度越高。二氧化硅与碳之间的还原反应所需温度较二氧化锰反应温度高，因此，为了得到更剧烈的硅反应，锰的还原温度也要随之升高，这导致渣中硅含量增长。另外，炉渣中二氧化硅越多，其黏性越大。就高黏度降低试剂的迁移率、抑制还原反应而言，铁硅锰合金中硅的浓度越高，制备过程越困难。

煤矸石-废阴极协同处理工艺是将碳基"双废"混合后进行水热酸浸法分离提纯，浸出渣为原料制备碳化硅粉。图 4-37 为煤矸石-废阴极协同纯化并制备碳化硅粉工艺流程图。

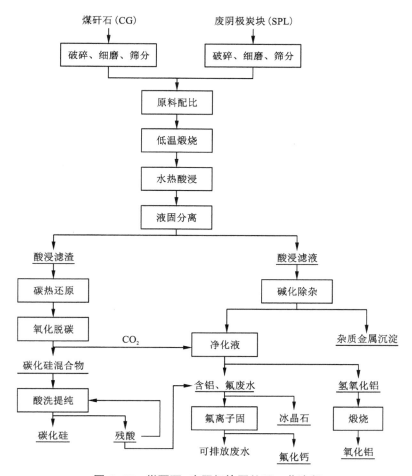

图 4-37　煤矸石-废阴极协同处理工艺流程

所得碳化硅粉体整体为晶须状，放大发现碳化硅产品中含有呈球形的杂质。经 EDX 能谱分析，球状杂质的主要元素为硅、铝、钠、氧、碳，质量分数分别为 26.34%、10.05%、6.07%、41.15% 和 16.39%；其中的钠是处理工艺中加入的碱未清洗除净留下来的，铝则是煤矸石原料中带入残留下来的。在能谱分析结果中，硅碳元素质量占比接近 2，较符合碳化硅中碳硅元素的质量比。

通过高温焙烧纯化废阴极中石墨可用作锂离子电子负极材料，且电化学性能表现良好。作为锂离子电池负极材料，具有较高的初始放电能力：在 0.1 C 条件下，初始放电能力为 (357.6 ± 9.6) mA·h/g，与商业石墨性能相当；循环 50 次后，容量保留率为 90.4%。此外，纯化的废阴极炭粉作为负极材料还表现出良好的倍率性能，电流在 1 C 条件下循环 310 次后为 (267.8 ± 12.5) mA·h/g。如果能提高炭粉纯度和锂离子电池的首次库仑效率，用于锂离子电池负极材料的制备则可视为废阴极高值化利用的新途径。

以铝电解废阴极处理氧化铝工业固体废弃物赤泥是近几年资源回收与处理行业较为热门的研究关注点。

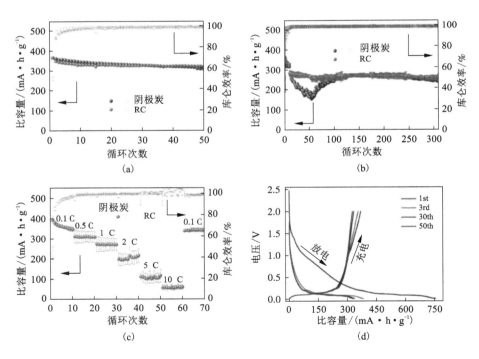

图 4-38　不同电流下纯化废阴极炭和商业石墨作为锂离子电池性能对比

李瑜辉利用废阴极中的炭作为还原剂对赤泥中的元素铁进行还原回收，在高温氮气气氛中实现 FeO、Fe_2O_3、Fe_3O_4 等铁氧化物向单质铁的转化，并促进了废阴极中可溶氟离子与赤泥中的钙反应生成氟化钙；协同处理过程中废阴极为赤泥中铁氧化物的碳还原剂，赤泥为废阴极的氟稳定剂，实现了"双废"综合处理。

Xie 等以废阴极和赤泥协同处置再利用来解决两者对环境和资源循环产生的压力。为了提高金属铁的回收率，首先从赤泥中提取金属铁、硅和铝，合成 4Å-沸石；再以废阴极为还原剂，采用还原焙烧工艺回收铁；采用湿法磁选回收还原焙烧得到的金属铁，从非磁性废渣中提取有价铁精矿。

综上所述，废阴极主要处理方向分析对比结果见表 4-15。对铝电解废阴极进行处理过程中，企业可综合考虑地方政策法规、工艺可行性、经济效益、环保效益等进行合理选择。

表 4-15 铝电解废阴极处理工艺对比

分类	无害化处理	综合回收	第三方工业应用
主要工艺	填埋 碱液+石灰 强氧化溶液除氰	酸浸 碱浸 盐液浸出 浮选 热处理	玻璃制备 燃料替代物 水泥业添加剂 炼钢业添加剂 转炉渣铜回收添加剂
优点	流程简单	有价物质得到回收 产物纯度高	应用方便
弊端	有价物质未回收	产生二次污染源	部分有价组分未利用，设备要求高

4.2.4 作者工作

（1）碱酸浸出分离提纯

通过常规氢氧化钠溶液-盐酸对废阴极进行分离提纯，工艺流程图如图 4-39 所示。废阴极炭经碱浸和酸浸处理后所得炭粉纯度为 97.53%。

（2）碱熔—酸浸分离纯化

选择熔融态氢氧化钠对废阴极进行碱熔除杂，采用盐酸与氟化钠混合溶液进行深度纯化。通过氢氧化钠碱熔实现了废阴极中非碳难处理无机盐发生相变转化，使其转化为可溶于酸的物质后通过酸浸纯化炭粉。对复杂无机盐杂质在熔融态氢氧化钠中可能发生的化学反应进行了预测并通过热力学计算验证了反应发生

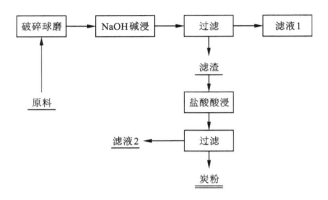

图 4-39 碱浸-酸浸工艺流程图

的可能性。在最佳条件(碱料比 1.75、碱熔温度 550 ℃、碱熔保温时间 180 min)下粒径低于 0.15 mm(-100 目)的废阴极粉经碱熔处理后,再经酸浸纯化可得到灰分含量低于 1% 的纯度较高的炭粉。图 4-40 为碱熔—酸浸处理废阴极工艺流程图,图 4-41 为碱熔温度对废阴极中杂质提纯效果的影响,图 4-42 为纯化处理后炭粉 SEM-EDS 分析表征结果。

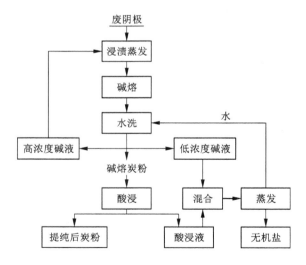

图 4-40 碱熔—酸浸流程图

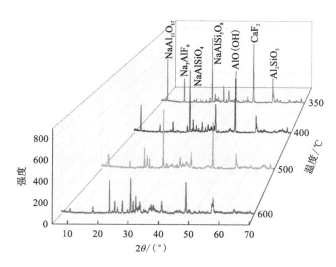

图 4-41　碱熔温度对炭渣中杂质提纯效果的影响

图 4-42　废阴极纯化后 SEM-EDS 结果

（3）废水处理

在废阴极处理过程中产生的废水中含有多种离子，如表4-16所示。

表4-16　废水中主要离子成分与含量

除杂工艺	$\rho(F^-)/$ $(g \cdot L^{-1})$	$\rho(Na^+)/$ $(g \cdot L^{-1})$	$\rho(Al)/$ $(g \cdot L^{-1})$	$\rho(OH^-)/$ $(mol \cdot L^{-1})$	$\rho(H^+)/$ $(mol \cdot L^{-1})$	$\rho(CN^-)/$ $(mg \cdot L^{-1})$
碱浸液	12.41	35.64	2.93	1.24	—	1354
酸浸液	0.21	0.18	0.35	—	4.27	—
碱熔水洗液	0.38	0.29	0.12	0.136	—	—
碱熔—酸浸液	4.56	5.38	0.07	—	3.56	—

以图4-43中流程对废水进行无害化处理，分离回收有价元素氟（氟化钙）、钙（氟化钙、氢氧化钙）、铝（氢氧化铝）、钠（碳酸钠），除杂后水可返回浸出工艺进行循环利用。

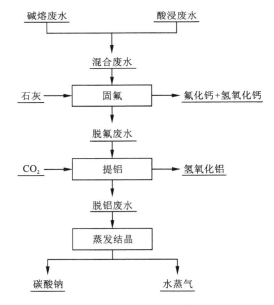

图4-43　废水处理工艺流程

（4）制备碳化硅

以分离纯化废阴极所得到的炭粉为原料，加入石英砂，通过碳热还原法制备碳化硅，SiC粉体的合成收率为76.43%，比表面积为4378 cm²/g。图4-44为碳化硅碳热还原法反应机制，图4-45为不同温度下合成的碳化硅XRD分析结果。

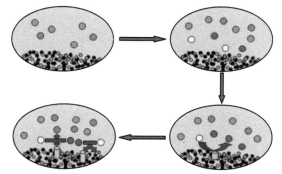

$$SiO(g)+3CO(g)=SiC(s)+2CO_2(g) \quad SiO(g)+2C(s)=SiC(s)+CO(g)$$
$$3SiO(g)+CO(g)=SiC(s)+2SiO_2(g) \quad SiO(s)+C(s)=SiC(s)$$

N_2 O_2 C SiO_2 SiO CO SiC CO_2

图 4-44 碳化硅合成机制

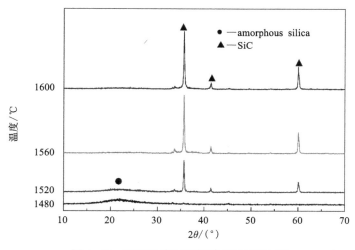

图 4-45 不同温度下所得碳化硅 XRD 图

分析总结前人研究经验，作者对铝电解废阴极进行了分离提纯，并提出了一条合理有效的综合处理工艺路线，如图 4-46 所示。以此工艺路线进行废阴极纯化，获得了平均纯度为 99.02% 的炭粉，毒害物质氰化物在碱熔过程中高温分解，废水处理后满足国家排放标准。

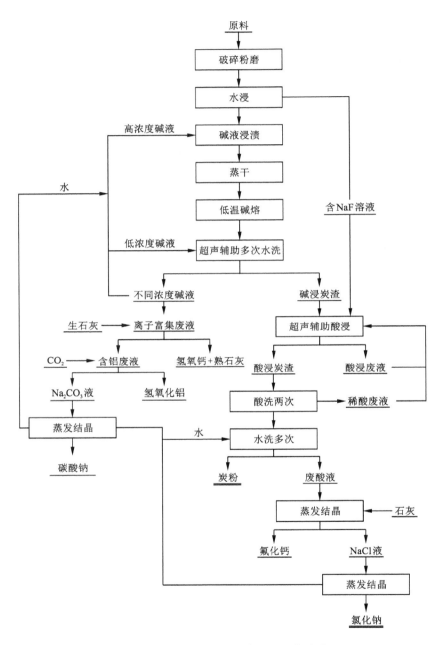

图 4-46 铝电解废阴极综合处理工艺路线图

4.3 阴极发展趋势

自 2006 年石墨化阴极炭块研发成功以来，经过对生产工艺和生产技术的不断优化与改进，如今国内石墨化阴极炭块的生产水平和理化性能指标已优于国外同类产品，其潜在产能大约为 20×10^4 t/a。随着石墨化阴极炭块制造业的发展，阴极炭块理化性能逐渐向好。表 4-17 为不同版本制备标准中阴极炭块理化性能。

表 4-17 不同版本制备标准中阴极炭块理化性能

版本	真密度/ ($g \cdot cm^{-3}$)	表观密度/ ($g \cdot cm^{-3}$)	耐压 强度/MPa	电阻率/ ($\mu\Omega \cdot m$)	灰分/ %	抗折 强度/MPa
2009 版	2.14~2.23	1.52~1.63	11~22	11~16	0.19~0.48	5~8
2018 版	2.19~2.22	1.61~1.69	19.8~30.5	9.1~11.8	0.10~0.28	6.44~10.99

版本	杨氏 模量/GPa	热膨胀系数/℃	钠膨胀率/%	热导率/ $[W \cdot (K \cdot m)^{-1}]$
2009 版	2~6	3×10^6~3.5×10^6(25~950 ℃)	0.2~0.9	—
2018 版	2.0~3.1	2.7×10^6~3.7×10^6	0.26~0.34	120.02~131.16

当前，国内铝电解生产企业可选择使用的阴极炭块种类较少，大多数铝电解槽采用 30%(GS-3)、50%(GS-5)高石墨质阴极炭块和石墨化阴极炭块，其理化性能指标对比见表 4-18。

表 4-18 不同阴极炭块理化性能指标对比

指标	GS-3	GS-5	石墨化阴极炭块
电阻率/($\mu\Omega \cdot m$)	28.33	23.65	9.97
抗折强度/MPa	9.12	11.81	8.24
杨氏模量/GPa	6.12	5.82	2.50
热膨胀系数/℃	4.10×10^{-6}	3.80×10^{-6}	3.09×10^{-6}
钠膨胀率/%	0.77	0.73	0.31
热导率/$[W \cdot (K \cdot m)^{-1}]$	13.96	16.94	128.21

阴极材料直接对铝电解槽槽电压降产生影响，而电压降与投资成本存在一定的联系，如表4-19。

表4-19　投资成本和电压降的关系

公司	石墨质含量/%	投资成本/(元/pot)	阴极压降/mV
A	30	139500	313.0
	75	186000	309.0
	100	461900	283.4
B	0(常规炭阴极)	144150	317.6
	30	139500	337.5
	40	155000	324.5
	75	186000	301.6
C	30	139500	299.7
	75	186000	284.7

针对铝电解槽中阴极炭块对电解槽运行的影响，业内专家开展了多方面研究以提升电解生产技术指标。

（1）曲面磷生铁阴极

针对电解槽物理场稳定性差、波动强度大等缺点，杨国荣以曲面阴极、磷生铁浇铸为基础开展槽内衬结构优化研究，以420 kA电解槽为试验槽，通过电场、热场、流场分析研究，开发了"高能效曲面磷生铁阴极保温技术、阳极电流均匀性控制技术"，实现了电流效率提高1.29%、槽平均电压降低25 mV、电耗降低254.35 kW·h/t-Al的效果。将开发的3680 mm×665 mm×500 mm曲面磷生铁阴极保温型电解槽方案与抑制水平电流、阳极电流分布均匀性控制技术集成应用于133台电解槽中，技术指标如表4-20所示。

表4-20　电解槽技术指标

年份	电压/V	电流效率/%	阳极效应系数	直流电耗/(kW·h·t^{-1}-Al)	交流电耗/(kW·h·t^{-1}-Al)	其他槽型交流电耗/(kW·h·t^{-1}-Al)
2014年	3.972	94.41	0.030	12537.40	12767.21	13050.75
2015年	3.968	94.61	0.029	12498.30	12727.39	13030.50
2016年	3.981	94.51	0.035	12552.51	12782.60	13055.40

续表4-20

年份	电压/V	电流效率/%	阳极效应系数	直流电耗/(kW·h·t⁻¹-Al)	交流电耗/(kW·h·t⁻¹-Al)	其他槽型交流电耗/(kW·h·t⁻¹-Al)
2017 年	3.975	94.47	0.040	12538.90	12768.74	13110.28
2018 年(1—6 月)	3.981	94.53	0.037	12549.86	12779.90	13090.46
平均值	3.975	94.51	0.034	12549.86	12779.90	13090.46

（2）阴极表面等离子喷涂

等离子喷涂是指以等离子喷枪产生的等离子焰流作为热源和动力源，材料粒子（包括粉体、液滴）注入射流后经加热、加速达到熔化或半熔化高速飞行状态，喷射到经预处理的基体表面上，在极短时间内发生铺展、凝固形成扁平状粒子堆叠且形成牢固的涂层，基体受热较小保持未熔状态。

昆明理工大学研究团队选择硼化钛（TiB_2）进行铝电解阴极炭块表面等离子喷涂，发现涂层与铝液的润湿性较石墨质炭块好，电阻率明显下降，且耐金属钠、高温电解质腐蚀性更强，将之用于 220 kA 电解槽，TiB_2 涂层经济成本（1441 元/m²）低于 TiB_2/C 碳胶涂层（2970 元/m²）。图 4-47 为硼化钛在阴极炭块表面的涂层。

图 4-47　硼化钛涂层

（3）异形阴极

异形结构阴极表面有很多起到减波作用的凸起，这些凸起与铝液波动传播方向相垂直（图 4-48）。

铝液流速场被阴极表面突起分割，铝液流速降低，削弱了其对重力波的强化作用，波动减弱；铝液内水平电流被凸起削弱，电流分布更均匀，诱发铝液流动的因素减少；若凸起宽度适中，凸起表面形成的水平电流在垂直磁场作用下可使得铝液绕凸起循环流动。

(a) G1_26   (b) G2_7   (c) G3_5/4

图 4-48　新型阴极示意图

分析传统阴极结构电解槽与新型阴极结构电解槽的应用实践（图 4-49），发现新型阴极结构槽较传统阳极结构电解槽槽电压差别小、稳定性好，因有减少水平电流的设计而降低了铝水平，分子比结构稳定、生产状态更好，温差波动较小。新型阴极结构电解槽平均电压比传统阴极结构降低 257 mV，电流效率提高 0.61%，吨铝直流电耗降低 919 kW·h。

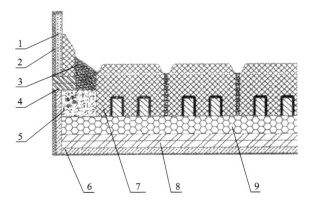

1—侧部炭块；2—隔热板；3—扎糊；4—耐火砖；5—浇注料；
6—硅酸钙板；7—阴极炭块；8—保温砖；9—干式防渗料。

图 4-49　新型阴极结构电解槽内衬示意图

第 5 章
铝灰处理与再利用

5.1 概论

5.1.1 铝灰分类

熔融态金属铝与空气中的氧气、氮气等发生反应生成铝化合物漂浮于铝液表面，与表面的不熔夹杂物、生产过程中的添加剂等发生一系列反应，产生了松散状的灰色渣，即铝灰。铝灰是铝电解、铸造、应用等工序均可能产生的含铝固体废弃物，根据其产生阶段，可将铝灰分为三种类型。

（1）生产阶段产生的铝灰

在铝电解生产过程中，阳极更换、测量器具携带、真空出铝、电解槽大修等操作均可能产生铝灰浮渣，一般每生产 1 t 原铝将产生 30~50 kg 的铝灰。2021 年全世界原铝产量为 6712.9×10^4 t、中国铝产量为 3884×10^4 t，仅 2021 年我国即于电解槽中排放铝灰近 200×10^4 t。

（2）消费阶段产生的铝灰

金属铝在铸造、重熔、合金制造、锻造、轧制、切削等工序均会产生铝灰，当前消费过程产生的铝灰占消耗金属铝质量的 3%~4%。2021 年中国铝材产量为 6105.2×10^4 t，铝灰产量约 240×10^4 t。

（3）再生阶段产生的铝灰

铝是一种易回收再利用的有色金属，当前发达国家如美国、日本等对铝的消耗主要依赖再生铝，2019 年欧洲再生铝占铝材总产量近 60%，美国近 80%、日本铝材生产几乎全部来自再生铝。废旧铝材回收再利用过程中，需要经历重熔或重加工过程，每回收处理 1 t 废旧铝材将产生铝灰 150~250 kg。国家发展改革委下发的发改环资〔2021〕969 号文件《关于印发"十四五"循环经济发展规划的通知》中明确指出，到 2025 年我国再生铝产量将达到 1150×10^4 t，届时在再生阶段年排放铝灰近 300×10^4 t。

5.1.2　铝灰的性质

铝灰主要由金属铝单质、氧化铝(Al_2O_3)、氮化铝(AlN)、盐熔剂等组分混合而成，具体构成因来源而异。铝灰中主要组分金属铝质量分数为 10%~30%、氧化铝质量分数为 20%~40%、铁硅氧化物质量分数为 7%~15%，钾、钙、钠、镁等碱金属氯化物占比为 15%~30%。一般根据铝含量将其分为一次铝灰和二次铝灰。

①一次铝灰：因颜色呈灰白色又称为白铝灰，铝质量分数为 20%~70%，主要为单质铝和铝氧化物，常产生于不添加盐溶剂的过程如电解、铸锭等。

②二次铝灰：因颜色呈黑色又称黑铝灰，包括一次铝灰中难回收部分及回收过程中产生的滤渣，铝质量分数为 12%~20%。

铝灰主要为铝和氧化铝的混合物。金属铝呈团聚状态，氧化铝包围着这些小的团聚体。当氧化铝颗粒尺寸减小时，一些铝会暴露出来，但很容易被氧化成氧化铝。铝单质周围总是有一层氧化铝保护层。铝灰渣基本上由嵌入氧化铝基体中的铝组成，使它们相互交织在一起。

表 5-1 为贵州某电解铝厂排放铝灰主要元素组成，图 5-1 为该铝灰的 XRD 图。该铝灰中铝元素含量较低，其中含有的主要化合物为 NaCl、Al_2O_3、$Mg(AlO_2)_2$、AlN 等，铝单质较少。

表 5-1　贵州某电解铅厂排放铝灰主要元素组成　　　　　单位：%

Al	Na	Cl	O	Mg	Si	Fe	Ca	K
18.78	19.06	25.21	22.67	1.45	2.47	0.87	2.82	1.71

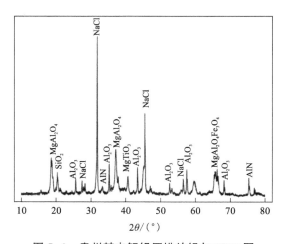

图 5-1　贵州某电解铝厂排放铝灰 XRD 图

表 5-2 和图 5-2 为印度瓦拉纳西金属有限公司生产铝灰主要组分构成分析结果与 SEM-EDS 图，其中金属铝占比超 66%，元素铝为铝灰中主要组分，图中可知金属铝表面包裹有氧化铝，氧化铝无规则地分布于铝灰中。马来西亚某家铝厂排放铝灰主要组分与物相构成，分别见表 5-3 和图 5-3。表 5-4 中为中国福建某铝材加工企业产生的二次铝灰组分分析表。三个不同产区、不同铝生产方式、不同来源的铝灰中的主要组分存在着较大的差异。

表 5-2　印度瓦拉纳西金属有限公司生产铝灰主要组分构成分析结果

物相	质量分数/%	JCPDS 编号
铝	66.05	89-4037
氧化铝	17.70	01-076-8188
η-氧化铝	12.80	01-073-6579
二氧化硅	3.46	86-1562

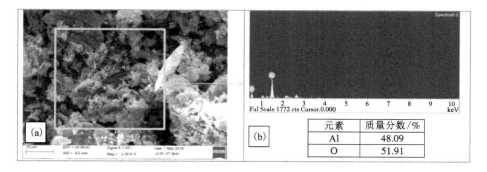

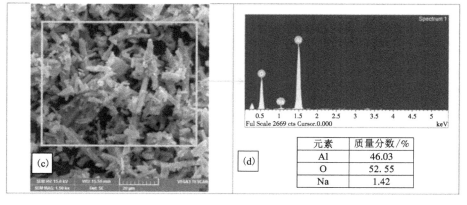

图 5-2　印度瓦拉纳西金属有限公司生产铝灰 SEM-EDS 图

表 5-3　马来西亚某铝厂排放铝灰(粒径小于 850 μm)主要组分

化学组分	质量分数/%	化学组分	质量分数/%
Al_2O_3	61.39	SiO_2	10.32
Fe_2O_3	5.17	CuO	4.99
CaO	4.81	Cl	4.13
ZnO	3.83	TiO_2	1.88

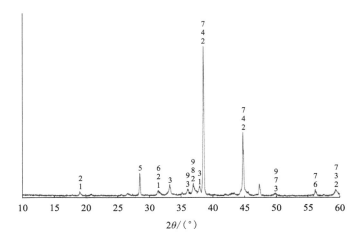

1—Al_2O_3；2—$MgAl_2O_4$；3—AlN；4—Al；5—KCl；
6—NaCl；7—Fe_2O_3；8—MgO；9—SiO_2。

图 5-3　马来西亚某铝厂排放铝灰(粒径小于 850 μm)物相构成

表 5-4　福建某铝材厂产生的铝灰组分分析表　　　　　　　单位：%

物质组分	质量分数	物质组分	质量分数
Al_2O_3	48.4	Al	3.5
AlN	16.2	SiO_2	5.8
F	3.2	Cl	5.25
Na	0.3	K	0.71
S	5.47	MgO	6.32

5.1.3 铝灰的危害

铝灰具有毒性、渗出性、高易燃性、刺激性。含有的化合物氮化铝（AlN）、碳化铝（Al_4C_3）、硫化铝（Al_2S_3）等易与水发生反应生成有害气体氨气（NH_3）、甲烷（CH_4）、硫化氢（H_2S）等有毒、刺激性、易燃气体，且铝灰中含有的 Pb、As、Cd 等重金属进入土壤或水体也会对动植物健康与生态安全产生影响。《国家危险废物名录（2021 版）》于 2021 年 1 月 1 日开始实施，其中明确规定铝灰为 HW48 类危险废弃物。

对国内 6 家大型再生铝企业排放的铝灰进行分析。再生铝灰中主要物质为氧化铝，还含有氮化铝、金属铝、氟化铝等可回收铝，具有极大的回收价值。根据《遇水放出易燃气体危险货物危险特性检验安全规范》（GB 19521.4—2004）开展入水实验，考查了铝灰遇水气体释放情况，获得了表 5-5 中铝灰在水中反应的氨气比释放率与氢气释放速率。基于遇水反应气体释放实验结果，应避免铝灰与水接触；铝灰渣严禁露天堆存，需要做到"防风、防雨、防晒、防渗漏、防流失"。

表 5-5 铝灰遇水反应气体释放情况

样品编号	氨气比释放率/（mg·kg⁻¹）	氢气释放速率/（L·kg⁻¹·h⁻¹）	样品编号	氨气比释放率/（mg·kg⁻¹）	氢气释放速率/（L·kg⁻¹·h⁻¹）
A1	48.1	0.8	D1	58.0	1.0
A2	50.2	1.0	D2	59.2	1.2
A3	52.2	0.9	D3	64.2	1.0
A4	51.5	0.8	D4	56.8	1.5
A5	59.4	1.0	D5	56.1	1.4
B1	63.9	0.6	E1	47.8	0.6
B2	65.1	0.8	E2	48.3	0.7
B3	60.5	0.8	E3	49.1	0.6
B4	62.6	0.8	E4	49.2	0.7
B5	61.7	0.7	E5	49.7	0.6
C1	66.7	0.6	F1	43.7	0.8
C2	68.8	0.5	F2	45.2	0.4
C3	63.0	0.6	F3	46.8	0.5
C4	64.6	0.7	F4	48.0	0.7
C5	61.3	0.6	F5	43.1	0.8

当前我国原铝产量超 3800×10^4 t、铝材产量超 6100×10^4 t，金属铝生产与消费过程中产生的大量铝灰，不仅造成了严重的资源浪费，也对环境保护产生了极大的威胁，铝灰的无害化处置与资源化循环利用是维持环境健康与生态平衡以及资源可持续发展的必由之路。铝灰的无害化处置，可以降低甚至消除其对环境安全的威胁，再利用是实现铝资源高效循环应用的有效途径，不仅可以降低我国对境外铝土矿、氧化铝的依赖，也提升了铝行业的经济效益。

5.2 铝灰无害化处理

高温下金属铝与空气中的氮气发生反应生成氮化铝，氮化铝是铝灰中主要有害物质之一。在铝加工过程中，铝液与氮气反应生成了氮化铝，在一次铝灰高温回收金属铝过程中也可以产生氮化铝；冷却后的氮化铝分散于铝液表面浮渣而被收集入铝灰中。铝灰中氮化铝是不可避免的，虽然其含量因收集过程不同而存在差异。铝灰在堆存过程中易与空气中的水分反应释放出氨气。铸锭等工序中添加的精炼剂使得铝灰中含有部分氯化物和氟化物，易溶于水，对土壤和地下水产生严重威胁。因此，毒害物质氮化物、氯化物、氟化物制约着铝灰的循环再利用。因此，需要对铝灰进行深度除氟、氮、氯。当前研究人员已开发了多项除杂工艺。

5.2.1 脱氮

氮化铝或与 $\alpha-Al_2O_3$ 共存，或以块状、针状大颗粒单独存在。研究发现，铝灰粒径越小氮化铝含量越高，氮化铝主要存在于粒径为 $100\sim200$ μm 的铝灰中，氮化铝粒径较小（<100 μm）时易被氧化为氧化铝或羟基化为氢氧化铝。

氮化铝（AlN）主要晶型为闪锌矿状、六角纤维状，闪锌矿状 AlN 的 XRD 特征峰为 $38°$、$44°$、$65°$，六角纤维状 AlN 的 XRD 特征峰为 $35.9°$、$37.8°$、$49.8°$，两种晶型均为高反应活性物质。氮化铝遇水反应生成氨气，在酸碱溶液中反应生成铝盐或氢氧化铝，在高温条件下与氧气反应生成 $\alpha-Al_2O_3$。图 5-4 为氮化铝与不同介质之间反应吉布斯自由能变化趋势图。因为单质 Al 与氮气可以在常温状态反应生成 AlN，因此铝灰中的 AlN 是不可避免的。AlN 在溶液温度不高于 100 ℃时均能够与酸碱溶液自发反应，高温下 AlN 氧化反应也可自发进行。

（1）水解

氮化铝作为铝灰中不可避免的毒害物质之一，如何高效脱除氮化铝是铝灰无害化处置的有效途径。氮化铝易与水发生水解反应也为无害化处理提供了思路。

图 5-4 通过热力学分析了氮化铝在常温水中自发水解的可行性，水解过程产生了氨气（NH_3），NH_3 溶于水中生成了 OH^- 和 NH_4^+，是放热过程。FUKUMOTO 研究发现，氮化铝水解产物与温度密切相关，水解方程式见式（5-1）~式（5-3）：

$$\text{AlN} + 3\text{H}_2\text{O} = \!\!= \text{Al}(\text{OH})_3 + \text{NH}_3 \uparrow \quad (T < 351 \text{ K}) \tag{5-1}$$

$$\text{AlN} + 2\text{H}_2\text{O} = \!\!= \text{AlOOH}_{\text{amorph}} + \text{NH}_3 \uparrow \quad (T > 351 \text{ K}) \tag{5-2}$$

$$\text{NH}_3 + \text{H}_2\text{O} = \!\!= \text{NH}_4^+ + \text{OH}^- \tag{5-3}$$

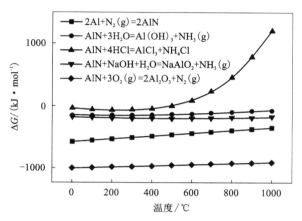

图 5-4　氮化铝不同介质之间反应吉布斯自由能与温度的关系

$\text{AlOOH}_{\text{amorph}}$ 相属于化学不稳定物质，易转化为稳定的 $\text{Al}(\text{OH})_3$。在 85 ℃氮化铝水解 1 h 后产物中存在 $\text{Al}(\text{OH})_3$ 相。因此，氮化铝水解可分为三个阶段：初期、AlOOH 形成转化期、$\text{Al}(\text{OH})_3$ 形成生长期。

水解初期，又称为培育阶段，氮化铝表面会形成水和氧化铝薄层，氧化铝层会阻碍水解反应的进行，水解初期存在诱导期，诱导期受温度、pH 影响，高温、高 pH 均可以缩短诱导期。但因为二次铝灰中多物相无规则赋存状态使得其中所含的氮化铝反应活性更高，水解反应平衡常数高达 4.88×10^{57}，研究发现铝灰中 AlN 水解过程不存在诱导期，且产物为 $\text{Al}(\text{OH})_3$。氮化铝在水中溶解可能发生反应见公式(5-4)~式(5-5)，表 5-6 中列出了水解过程反应的焓、熵、吉布斯自由能与温度的关系。

$$\text{AlN} + 2\text{H}_2\text{O} = \!\!= \text{AlOOH}_{\text{amorph}} + \text{NH}_3 \uparrow \tag{5-4}$$

$$\text{AlOOH}_{\text{amorph}} + \text{H}_2\text{O} = \!\!= \text{Al}(\text{OH})_3 \tag{5-5}$$

水解过程中 pH 将达到最大值，并在几个小时内保持平衡 pH。随着温度的升高，达到平衡 pH 所需的时间减少。然而，由于氨的溶解度从 348.15 K 到 373.15 K 显著降低，373.15 K 时的平衡 pH 低于 348.15 K 时的平衡 pH。根据氮化物变化结果趋势，提高温度可以促进 AlN 的水解，这与不同温度下水解残留物的产率随时间变化的结果一致；与水解普通氮化铝粉末相比，盐捕集的第二铝浮渣中的氮化铝需要暴露。随着时间的推移，可以观察到无定形氢氧化铝、薄水铝石和拜耳石的形成。

表5-6　化学反应式(5-4)与(5-5)的焓、熵、吉布斯自由能与温度的关系

公式	温度/K	$\Delta H/(\text{kJ} \cdot \text{mol}^{-1})$	$\Delta S/(\text{J} \cdot \text{mol}^{-1} \cdot \text{K}^{-1})$	$\Delta G/(\text{kJ} \cdot \text{mol}^{-1})$
(5-4)	298.15	−141.596	79.628	−165.337
	323.15	−143.724	72.776	−167.241
	358.15	−145.885	66.335	−168.980
	373.15	−148.078	60.251	−170.561
(5-5)	298.15	−530.290	−253.642	−454.667
	323.15	−531.083	−256.198	−448.293
	348.15	−531.791	−258.310	−441.860
	373.15	−532.413	−260.036	−435.380

通过去离子水、氢氧化钠溶液、碳酸钠溶液分别浸出脱除铝灰中的氮化物，均可以对铝灰中的氮元素进行脱除，但脱出效率差异明显。在最优脱氮实验条件下，二次铝灰中氮去除率分别为36.9%、94.3%，接近100%。铝灰中AlN、Al_4C_3、单质金属铝等在氢氧化钠溶液和碳酸钠溶液中可能发生的反应有式(5-6)~式(5-13)，图5-5为不同温度下去离子水、氢氧化钠溶液、碳酸钠溶液三类脱氮溶剂对铝灰中氮的去除率变化趋势图。去离子水水解渣物相主要为 Al_2O_3、

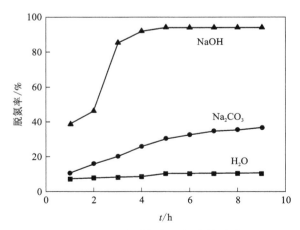

图5-5　温度对铝灰脱氮率的影响

Al(OH)$_3$、Mg(AlO$_2$)$_2$，渣中仍然存在未能水解的 AlN 物相。铝灰渣在 Na$_2$CO$_3$ 溶液中水解渣物相主要为 Al$_2$O$_3$、Al(OH)$_3$、Mg(AlO$_2$)$_2$；铝灰在 NaOH 溶液中水解渣物相主要为 Al$_2$O$_3$、Al(OH)$_3$、Mg(AlO$_2$)$_2$、NaAlO$_2$。

$$AlN+3H_2O = Al(OH)_3+NH_3\uparrow \tag{5-6}$$

$$Al_4C_3+12H_2O = 4Al(OH)_3+3CH_4\uparrow \tag{5-7}$$

$$2Al+2NaOH+2H_2O = 2NaAlO_2+3H_2\uparrow \tag{5-8}$$

$$AlN+NaOH+H_2O = NaAlO_2+NH_3\uparrow \tag{5-9}$$

$$Al_4C_3+4NaOH+4H_2O = 4NaAlO_2+3CH_4\uparrow \tag{5-10}$$

$$Al_2O_3+2NaOH = 2NaAlO_2+H_2O \tag{5-11}$$

$$SiO_2+2NaOH+aq = Na_2SiO_3+H_2O+aq \tag{5-12}$$

$$SiO_2 \cdot nH_2O+Na_2CO_3+aq = Na_2SiO_3+CO_2\uparrow +nH_2O+aq \tag{5-13}$$

氮化铝与水之间的反应存在着水解时间长、反应不彻底等状况。影响铝灰中氮化铝水解反应的最主要因素为时间，其次为水解温度与搅拌速率。为加快反应速率，洪旭鸿通过超声波强化水解过程以大幅缩短氮化铝水解时间。

（2）高温焙烧

铝灰中的氮化铝不仅可以在溶液中与水、酸、碱等反应生成可溶性铝离子，在高温状态（600~1300 ℃）有很强的氧亲和能力，也可以与氧气反应生成氧化铝。AlN 氧化反应主要方程式如下：

$$4AlN+3O_2 = 2Al_2O_3+2N_2 \tag{5-14}$$

$$2AlN+2O_2 = Al_2O_3+N_2O \tag{5-15}$$

$$4AlN+7O_2 = 2Al_2O_3+4NO_2 \tag{5-16}$$

$$2AlN+4O_2 = Al_2O_3+N_2O_5 \tag{5-17}$$

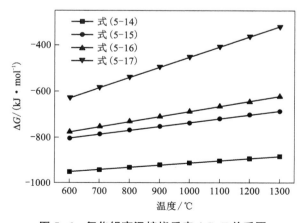

图 5-6　氮化铝高温焙烧反应 ΔG-T 关系图

空气中 AlN 高温焙烧氧化过程包括富氧态 AlN 氧化生成非晶态 Al_2O_3、不同类型氧化铝（$\theta\text{-}Al_2O_3$、$\alpha\text{-}Al_2O_3$ 等）晶型转化等一系列过程，化学反应速率快，动力学研究表明该过程受化学反应与扩散交替控制。这一过程也得到了其他学者的验证。刘吉研究发现，氮化铝在空气气氛中高温焙烧过程中，300 ℃ 即有少量氮化铝发生了氧化反应，在 400～700 ℃ 之间氮化铝参与反应量和反应速率急剧增长，在 700～900 ℃ 铝灰中氮化铝含量变化趋势趋于平缓；氮化铝氧化过程为生成固体产物的气固反应，700～900 ℃ 时反应速率减缓的原因是生成的氧化铝覆盖在反应物氮化铝表层影响了反应的进行，对物料进行搅拌后反应速率将再次得到提升。在氮化铝氧化焙烧过程中，若存在有氟化物，空气中的氧气提供一部分氧原子 [O] 替代氟化物中的氟原子 [F]，形成了类似于 O_xF_{2x} 的特殊气氛；新生气相 O_xF_{2x} 中的 [O] 反应活性较氧气中的氧原子高，更有利于 AlN 的氧化反应，可能产生新相 N_yF_z；N_yF_z 中的 [N] 又将氧气中的 [O] 取代生成 O_xF_{2x}。以 O_xF_{2x} 为媒介，推动了氮化铝的氧化反应进行。N_yF_z 与 O_xF_{2x} 在高温气氛中产量较少且为过程产物，刘吉未能展现更多的实验性检测结果。

图 5-7 为氮化铝氧化机制示意图。

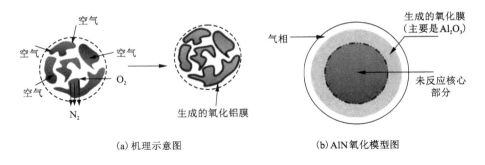

(a) 机理示意图   (b) AlN 氧化模型图

图 5-7　氮化铝氧化机制示意图

AlN 焙烧氧化机制如下：①反应物气体分子 O_2 向反应物 AlN 固体颗粒表面扩散；②AlN 固体颗粒表面活性位点吸附可反应气体分子；③气体分子 O_2 和固体颗粒 AlN 相互作用生成了固体 Al_2O_3 和气体 N_2；④固体产物 Al_2O_3 覆盖在反应物 AlN 颗粒表面，气体产物 N_2 从反应物 AlN 颗粒表面脱附；⑤气体产物 N_2 进一步向外扩散。氮化铝高温下氧化过程属于典型的气固反应，固体完全反应时间受固体密度、初始半径、反应系数、气体与固体间传质系数、气流中反应气体浓度、固体与反应气体间的传质系数、固体产物层内反应气体的扩散速率等因素影响，其计算方程式如公式（5-15）所示。

$$t_C = \frac{\rho_B r_p}{b k_r C_{Ab}} \left(1 + \frac{k_r}{3 k_{gA}} + \frac{k_r r_p}{6 D_e} \right) \tag{5-15}$$

式中：ρ_B 为固体 B 的摩尔密度，mol/m^3；r_p 为固体颗粒初始半径，m；b 为固体 B 的反应系数；k_r 为气体和固体间的传质系数，m/s；C_{Ab} 为主气流中气体反应物浓度，mol/m^3；k_{gA} 为气体和固体间 A 的传质系数，m/s；D_e 为固体产物层内 A 的扩散系数，m^2/s。

在气体–固体反应过程中，当反应过程受界面化学反应、固体产物内扩散、气体边界层传质等不同因素控制时，固体反应物消耗量与反应时间之间的关系随动力学控制条件不同而发生变化。公式(5-16)~(5-20)为不同控制条件下反应时间与固体反应物消耗量之间的关系方程。

当界面化学反应为限制性环节时，

$$t = \frac{\rho_B r_p}{b k_r C_{Ab}} \left[1 - (1 - \eta)^{\frac{1}{3}} \right] \tag{5-16}$$

$$t_C = \frac{\rho_B r_p}{b k_r C_{Ab}} \tag{5-17}$$

当固体产物内扩散为限制性环节时，

$$t = \frac{\rho_B r_p}{6 b D_e C_{Ab}} \left[1 - 3(1 - \eta)^{\frac{2}{3}} + 2(1 - \eta) \right] \tag{5-18}$$

$$t_C = \frac{\rho_B r_p}{3 b k_{gA} C_{Ab}} \tag{5-19}$$

当气体边界层传质为限制环节时，

$$t = \frac{\rho_B r_p \eta}{3 b k_{gA} C_{Ab}} \tag{5-20}$$

$$t_C = \frac{\rho_B r_p}{3 b k_{gA} C_{Ab}} \tag{5-19}$$

将铝灰与硅、铝、镁、钙、碳、氧等元素组成的混合药剂充分混合并压片，然后在 890~920 ℃ 条件下焙烧 2.5~3 h，可将 AlN 氧化为氮气和氧化铝，Al_2O_3、SiO_2 与混合药剂在高温下反应生成了多孔沸石。该工艺在脱氮过程中无废水、废渣产生，废气排放合标，工艺环保无害。将球磨粒径小于 0.1 mm 的铝灰与钙盐混合后高温焙烧脱氮固氟，处理后铝灰不含氮，可溶氟质量浓度为 6.71 mg/L，铝灰量降低 13.44%。研究发现，焙烧前的二次铝灰 SEM 图(图 5-8)中含有较大颗粒的氧化铝以及较小颗粒的氮化铝与其他盐类，在高温煅烧后氧化铝颗粒粒径增大、小颗粒含量较少，这表明氮化铝在高温条件下与氧气发生反应生成了氧化铝。

(a) 未处理铝灰   (b) 1100 ℃焙烧3 h   (c) 富氧气氛下1100 ℃焙烧2 h

图 5-8　铝灰焙烧前后 SEM 图

冰晶石与二次铝灰混合后高温焙烧脱除氮化铝，研究发现，加入适量的冰晶石可以有效促进二次铝灰中 AlN 的氧化，而过量的冰晶石会降低促进作用。焙烧温度和冰晶石对脱氮率的影响最为显著（$p<0.0001$），其次是保温时间。通过响应曲面法优化实验过程，结果表明，脱氮速率预测值与实验值吻合较好（$R^2 = 0.9894$，$R_{adj}^2 = 0.9775$），验证了所采用模型的有效性。根据二次模型得出最佳焙烧温度为 750 ℃，保温时间为 194 min，冰晶石质量分数为 17.7%。在此条件下，实际脱氮速率达到最大值，二次铝灰中 AlN 含量仅为 0.55%（质量分数）。

采用钙化焙烧法处理二次铝灰以解决氮化铝导致的铝灰中铝化合物浸出率不高的问题，焙烧后氮化铝转化为易溶的 $12CaO \cdot 7Al_2O_3$，最优条件下可实现脱氮率 85.25%。处理过程中，配料比对脱氮效率的影响较大。随着 $m_{CaO} : m_{铝灰}$ 的增加，脱氮率先增大后减小。当 CaO 和铝灰质量配料比为 0.4 时，脱氮率最高可达 81.08%。在此过程中试样均可出现硬化现象，随着氧化钙的逐渐添加，硬化程度先减小后增大，且同一试样底部硬化程度明显高于顶部。铝灰中氮化铝在焙烧条件下主要是与空气中的氧气发生反应生成氧化铝，使得脱氮率增大。氧化钙不与氮化铝直接发生反应，不同配料比下铝灰脱氮率发生变化主要为氧化钙的不断添加导致铝灰中各成分占试样的比例发生变化，即配料比越大，铝灰中各成分占试样的比例越小。反应试样中的单质铝在 900 ℃下熔化并向试样底部流动。流动的铝与空气中的氮气和氧气发生反应分别生成氮化铝和氧化铝，同时会对流经的颗粒形成黏连包裹，而这种黏连包裹会减小氮化铝与氧气的接触面积，从而降低氧化速率。配料比增大会减少单质铝所占试样的比重，从而减少黏连包裹和氮化铝的生成；而氧化钙的粒度明显小于二次铝灰，配料比过大，多余的氧化钙填充到试样孔隙中，使得混料结构更加紧密并影响氮化铝的氧化，说明适量添加氧化钙可加快铝灰中氮化铝的氧化，铝灰中单质铝含量越少，焙烧法处理二次铝灰脱氮效果越好。

5.2.2 脱氟

除氮化铝外，铝灰中还含有部分氟化物和氯化物，可溶出氟化物超标（部分铝灰样品中可溶氟离子浓度超 500 mg/L，绝大部分铝灰可溶氟离子浓度超过国家相关规定）是被标记为危险固体废弃物的主要因素之一。相较于氮化铝，铝灰中的可溶氟脱除工艺较为简单，可通过氟离子与钙离子的结合产生不溶氟化钙，对氟离子进行有效固定。钙盐固氟一般也可分为溶液法和高温焙烧法。溶液中钙离子固氟工艺简单，反应原理为 Ca^{2+} 与 F^- 生成不溶的 CaF_2，与废阴极无害化固氟处理工艺高度相似，此处不再赘述。

一般来说，铝灰中的氟主要通过高温焙烧法在氧化脱除氮化铝的过程中加入钙盐进行协同处置。焙烧过程中添加钙盐后铝灰中氟化物可能发生的反应见公式(5-21)～(5-24)：

$$CaO+2NaF+Al_2O_3 \Longrightarrow CaF_2+Na_2O \cdot Al_2O_3 \tag{5-21}$$

$$CaO+2NaF+SiO_2 \Longrightarrow CaF_2+Na_2SiO_3 \tag{5-21}$$

$$3CaO+Na_3AlF_6+Al_2O_3 \Longrightarrow 3CaF_2+3NaAlO_2 \tag{5-23}$$

$$Na_3AlF_6+2Na_2CO_3 \Longrightarrow 6NaF+NaAlO_2+2CO_2 \tag{5-24}$$

图 5-9 为方程式(5-21)～式(5-24)的吉布斯自由能随温度变化的趋势图。

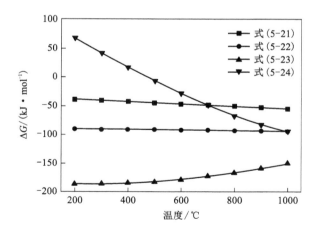

图 5-9　焙烧过程钙盐固氟反应 ΔG-T 关系图

氟化钙在高 pH（pH>13）碱溶液中易被碱分解为可溶钙离子，因此，为了尽可能实现铝灰中可溶氟离子的完全固化，需要在焙烧过程中采用低碱高钙配方将烧结产物尽可能转化为钠氟石，即 NaF · 2CaO · SiO₂。但是当碱含量过低、钙含量过高时易发生反应(5-25)生成氟铝酸钙($11CaO \cdot CaF_2 \cdot 7Al_2O_3$),氟铝酸钙遇水急剧反应,短时间内即可生成水化铝酸钙。

$$CaF+11CaO+7Al_2O_3 \Longrightarrow 11CaO \cdot CaF_2 \cdot 7Al_2O_3 \quad (T>1180\ ℃) \quad (5-25)$$

中铝山西新材料有限公司将二次铝灰、石灰、工业纯碱混合压球,在回转窑中进行高温焙烧,焙烧料经溶出、分离,实现了铝灰中可溶氟离子的有效固化以及有价金属铝的高效分离回收。试验所用熟料窑为工业用 $\phi4.5\ m \times 110\ m$ 回转窑,生产能力为 55 t/h,加料方式为喷入法,烧成温度为 1100~1250 ℃,温度控制根据生料浆铝硅比(A/S)和铁铝比(F/A)进行调整。将二次铝灰和工业纯碱、石灰按照一定的碱比、钙比混合配料,将混合料进行压球,从窑尾返灰系统加入,产生的熟料(铝灰熟料)并入原有的烧结法系统,经溶出磨溶出、沉降分离、粗液直接送入拜耳法系统稀释槽,具体工艺流程图见图 5-10。该工艺的实质是混合料在熟料窑内单独完成烧结,不参与烧结法生料浆的烧结反应,但其所产生的熟料(铝灰熟料)与生料浆烧结的熟料一起并入原有的串联法生产系统。

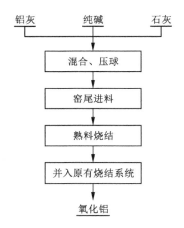

图 5-10 二次铝灰熟料窑协同处置工艺

兰州理工大学与中铝兰州分公司合作开展的铝灰固氟实验结果表明,在焙烧过程中添加钙盐($CaCl_2$)可大幅降低煅后铝灰中的可溶氟离子量,钙盐添加量 5% 可将氟离子溶出浓度由 27.93 mg/L 降低到 3.02 mg/L。以硫酸铵为添加剂对铝灰进行焙烧实验研究氟的迁移行为,在 450 ℃下焙烧 2 h 后的焙烧渣水浸处理可将铝灰中氟元素分离为烟气、浸出液、浸出渣三个去处,43.85% 的氟分散在烟气中,另有 23.92%、32.23% 的氟分别分散于另外两者中。焙烧过程中铝灰中的含氟化合物冰晶石 Na_3AlF_6、氟化钙 CaF_2、氟化镁 MgF_2 等与硫酸铵及其分解物高温下发生反应,生成了硫酸钠、硫酸钙、硫酸镁,同时释放气体 HF,氟化铝未与硫酸铵发生反应,因此处理后渣灰中氟元素的赋存状态主要以 AlF_3、$AlF_3 \cdot 3H_2O$ 为主。图 5-11 中的铝灰与焙烧料及浸出渣 XPS 结果验证了这一推论。

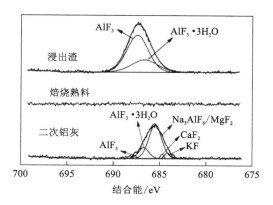

图 5-11　硫酸铵焙烧渣、水浸渣、铝灰原料 XPS 图

5.3　铝灰综合利用

铝灰中含有大量的铝元素,具有很高的回收潜能。铝灰中元素铝的主要赋存形式为氧化铝,行业从业者针对 Al_2O_3 的回收做出了大量工作并提出了多个回收工艺。

5.3.1　金属铝回收

铝灰中含有的金属铝可以在熔融状态与其他物质因熔点、密度等物理性质不同而分离,当前部分中小企业选择将铝灰在熔炉中加入渣铝分离剂后将铝灰扒出,通过铁耙搅拌使得熔融金属铝沉入底部地面而与上层灰渣分离。该方法可以回收铝灰中 10% 左右的金属铝,但存在能耗高、劳动强度大、劳动环境恶劣、环境污染大等弊端。

常见的金属铝回收工艺包括压榨回收法、炒灰回收法、回转窑处理法、等离子速熔法、MRM(Metal Recycling Machine)法等。

(1)压榨回收法

压榨回收法的工作原理是将热铝灰从压滤机上部装入,对热铝灰施加静压或者动压,将熔融铝挤压出。例如 SPM 法、MADOC 法、COMPAL 法、The press 法等,原理如图 5-12 所示。压头施加压力,炉渣内的金属受压流向下层容器,在此期间铝灰氧化迅速停止,形成的金属壳将氧化物包裹起来,这样既可以控制灰尘，又能减少烟气的排出，而热量由循环冷却水带走，炉渣的温度逐渐降低到450 ℃以下，防止二次氧化。

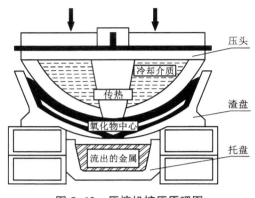

图 5-12　压榨机挤压原理图

压榨回收法处理铝灰的优点是原理简单、周期短、工作环境好、不需集尘系统、功能完善和自动化程度较高等；缺点是回收率较低、能源消耗大。目前国内对该法的应用效果不够理想。

（2）炒灰回收法

炒灰回收法的工作原理是利用铝熔体与铝灰中的其他物质的湿润性不同。炒灰过程中需适量添加溶剂，一般考虑用氯化锌作为溶剂，此法可以增加锌的含量，但是锌元素的加入会降低铝的品质。

炒灰回收法是一种相对原始的回收铝的方法，操作简单，但会产生大量的烟尘，加入溶剂氯化锌后，会与空气中的水分反应，形成氯化氢（HCl），对环境产生危害。一般需做环保处理，如设立烟罩、增加收尘设备和喷淋设备。据统计国外很多小型企业仍使用此法，如日本，但是资料显示日本只是简单配备了有效的环保设备，无其他处理设备跟入。

（3）回转窑处理法

回转窑处理法的工作原理与炒灰回收法相似，优点在于效率高、机械化程度高。保证铝灰的加入量是回转窑正常工作的前提，年产量高于 2×10^4 t 的再生铝企业可以选用回转窑处理铝灰。

回转窑处理铝灰主体设备为有倾斜角度的圆筒，配有机械传动装置，即回转窑。在倾斜圆筒内反复搅拌铝灰，随着温度升高，铝熔体受重力聚集到底部，进而不断富集到吊包，而剩余残渣还需继续提铝。目前我国一些大型再生铝厂选择回转窑处理铝灰，但是金属回收率不如人工炒灰回收法，产生的铝灰还要通过进一步方式回收。

(4)等离子速熔法

等离子速熔法的工作原理是将电离形成的高温等离子体与铝灰相接触，使铝灰在高温下熔化，进而实现金属铝和氧化铝的氧化渣分离。

在实际生产过程中，一般情况下要配合造渣剂使用，大多数选择氧化钙作为造渣剂，这样在反应进行时可得到金属铝和铝酸钙两种产品。该法具有生产效率高、金属回收率高、产品附加值高等优点，但对装备和技术条件有一定要求。

5.3.2　氧化铝制备

除金属单质铝外，铝灰中尚含有氧化铝、氮化铝、冰晶石等含铝化合物，铝灰是一种富含铝资源的回收潜能巨大的固体废弃物，如何实现铝灰中有价金属的高效分离与回收是实现其资源化、高值化综合循环利用的关键步骤。一般来说，二次铝灰很少单独回收其中的金属铝，而是与其他铝化合物进行统一处理。图 5-13 为铝灰中铝元素的回收处理及氧化铝制备工艺流程。

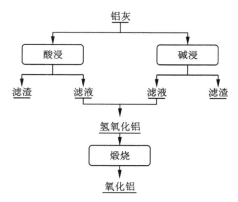

图 5-13　铝灰回收铝制备氧化铝工艺流程

(1)酸浸

铝灰中的氧化铝、氮化铝、金属铝等均可在酸性溶液中反应生成可溶性铝离子，从而实现铝灰中铝元素与非铝固体物质 SiO_2 等的有效分离。酸浸提铝的原理及反应方程式均较为简单，业内研究人员也采用酸浸工艺开展了多种方式的提铝实验与氧化铝制备研究。

刘守信通过硫酸浸出铝灰中的铝，铝浸出率在 95% 以上，选择亚铁氰化钾脱除硫酸铝溶液中的铁，除铁率为 97.39%，通过碳酸氢铵沉淀硫酸铝得到氧化铝前驱体碳酸铝铵，煅烧得到粒径为 60 nm 的 $\alpha\text{-}Al_2O_3$ 粉体。图 5-14 为其制备工艺流程图。在浸出反应过程中没有添加氟化钠作为浸出剂，因为铝灰中只有

13.5%的Al_2O_3是以富铝玻璃体红柱石($3Al_2O_3 \cdot SiO_2$)的形态存在，且加入氟化钠后会在酸溶液中形成H_2SiF_6物相进入硫酸铝溶液而导致所得产物的纯度受到影响。

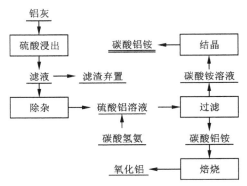

图 5-14　铝灰酸浸制备氧化铝流程

铝灰酸浸溶液呈浅绿色，表明溶液中含有一定量可溶Fe^{2+}，Fe^{2+}在碳酸氢铵调节 pH 沉淀析出氢氧化铝过程中也可以随之析出，以$Fe(OH)_2$形式存在，氢氧化铝煅烧过程中$Fe(OH)_2$与空气中的氧气反应生成Fe_2O_3，将会影响最终产物氧化铝的纯度。因此，在碳酸氢铵沉淀氢氧化铝工序前就需要对硫酸铝溶液中的铁离子进行除杂。

亚铁氰化钾($Fe(CN)_6 \cdot 3H_2O$)是常用的除铁试剂，以亚铁氰化钾与溶液中铁的物质的量比进行除铁剂配制，不同配料比下的除铁率见表 5-7。

表 5-7　配料比对除铁效果的影响　　　　　　　　　　单位：%

配料比	纯化后铁的质量分数	除铁率
1.0	0.01423	94.90
1.2	0.01020	96.34
1.4	0.00557	98.00
1.6	0.00545	98.05
1.8	0.00510	98.17

李登奇等也研究了盐酸浸出二次铝灰分离铝过程的动力学机制，浸出过程符合 Avrami-Erofeyev 模型，表观活化能为 11.72 kJ/mol，浸出过程受扩散控制。王世哲通过硫酸酸浸处理二次铝灰提铝获得硫酸铝溶液后再经亚铁氰化钾除铁后制备得到了纯度为 98.67%的氢氧化铝。

（2）碱浸

因其双性金属，铝灰中的金属铝、氧化铝、氮化铝等不仅可以溶解于酸性溶液中，也可以在碱溶液中反应生成可溶离子。铝灰碱溶主要反应方程式如下：

$$2Al+2NaOH+2H_2O \Longrightarrow 2NaAlO_2+3H_2 \tag{5-26}$$

$$AlN+NaOH+H_2O \Longrightarrow NaAlO_2+NH_3 \tag{5-27}$$

$$Al_4C_3+4H_2O+4NaOH \Longrightarrow 3CH_4+4NaAlO_2 \tag{5-28}$$

$$Al_2O_3+2NaOH \Longrightarrow 2NaAlO_2+H_2O \tag{5-29}$$

$$NaAlO_2+2H_2O \Longrightarrow Al(OH)_3+NaOH \tag{5-30}$$

通过碱浸处理铝灰回收氧化铝过程主要包括筛分研磨、中温产气、高温溶出、晶种分解等步骤，最优碱溶条件下可实现氧化铝溶出率 98.6%，煅烧得到满足国家标准的冶金级氧化铝；经成本核算，相较于铝土矿生产氧化铝工艺，本工艺产生的环境影响降低 34.6%、生产成本降低 62.9%，是一种环境友好、经济可靠的氧化铝制备方法。碱溶法回收二次铝灰中的氧化铝具有流程简单、能耗低、投资成本低和产品质量佳等优点。二次铝灰中含有的金属铝、氧化铝、碳化铝和氮化铝等物质均能与氢氧化钠溶液反应生成铝酸钠溶液，同时产生氢气、甲烷和氨气等气体。过量气体产生对反应釜的压力要求较高，且高温高压反应釜内难以对气体进行回收，故将产气过程与主要溶出过程分为中温产气和高温溶出两个阶段。根据产生气体的燃烧性质不同，对气体进行分类回收，将氢气和甲烷归为燃料类，氨气以稀硫酸溶液吸收制备硫酸铵。碱溶后得到的铝酸钠溶液在降温和稀释的条件下，溶液中氧化铝的过饱和程度增加，同时向铝酸钠溶液中加入氢氧化铝晶种，促进溶液中氧化铝以氢氧化铝形式快速析出。析出的氢氧化铝在高温下煅烧得到氧化铝。晶种分解后的溶液在添加适量氢氧化钠后用于溶出下一周期二次铝灰中的金属铝、氧化铝、氮化铝和碳化铝等物质，实现母液的循环利用，降低铝回收成本。具体工艺流程见图 5-15。

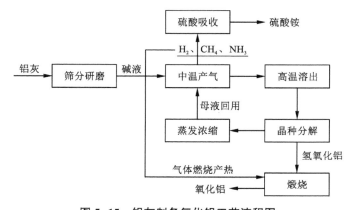

图 5-15　铝灰制备氧化铝工艺流程图

为了以最低的处理费用和环境影响经济地回收铝灰，Meshram 开发了一种利用铝浮渣进行有效回收并同时生产氢气和氧化铝的工艺，实现了从废弃物到有价产物的转化。铝-水反应是一种潜在的制氢方法。作者主要目的是检测铝-水在不同浓度的碱性溶液中的析氢反应。详细研究表明，生成的氢气量随着碱性溶液浓度的增大和反应温度的升高而增加，而析氢速率在反应开始时最高。过滤溶液后获得的残余固体在 900 ℃下加热 4 h 产生氧化铝。铝灰被粉碎、研磨和筛分以产生细颗粒并分离粗颗粒，实验过程中选择粒径为 149 μm 的颗粒。1 g 铝灰与50 mL 氢氧化钠或氢氧化钾溶液混合于 100 mL 锥形烧瓶中，在预定温度下磁力搅拌加热，锥形瓶口选择橡胶软木塞，木塞打孔并安装气体逸出管，逸出管与倒扣在水中的量筒连接以测定产生的氢气量。残余滤渣过滤分离后加热制备氧化铝。

低温碱性熔炼法具有熔炼温度低、备料容易、流程简单、产品质量好、环境污染少等优点，目前主要应用于一步炼铅、再生铅生产和银精矿的冶炼等。中南大学的相关研究人员将低温碱熔法用于铝灰中有价元素的分离提取，获得了较好的试验结果。李菲通过低温碱熔法实现了铝灰中铝的分离并制备得到氧化铝粉体，将铝灰与氢氧化钠在 400~600 ℃碱熔反应，水洗液经除杂、晶种分解得到氢氧化铝，最后煅烧制得氧化铝。在低温碱熔提铝过程中，熔炼温度是一个较为重要的试验因素，熔炼温度对铝浸出率有明显影响。当熔炼温度低于 500 ℃时，随着温度的升高，铝和硅的浸出率均大幅提高。原因在于温度升高，化学反应速率及反应物、产物的扩散速率不断加快，加速了铝和硅向可溶性盐的转化。当熔炼温度高于 500 ℃时，铝和硅的浸出率有所降低。这是因为随着反应温度的升高，$Al_2O_3 \cdot SiO_2$ 对体系黏度增大的作用逐渐增强，反应体系黏度增大，传质速率降低，降低了 $Al_2O_3 \cdot SiO_2$ 与 NaOH 的反应效率，从而导致浸出率降低。通过低温碱熔处理，铝灰中的两性金属铝在碱性熔炼的过程中生成了易溶于水的金属盐，从而实现了二次铝灰中的铝与大部分杂质的分离。

（3）酸碱混合法

Tripathy 开发了一种火法—湿法混合工艺回收铝灰中的氧化铝。破碎后的铝灰先经火法碳酸钠焙烧以提高氧化铝的后续浸出率，碱焙烧过程中氧化铝、金属铝、氮化铝等均可以转化为可溶的偏铝酸钠，焙烧后铝灰通过 2% 的氢氧化钠溶液浸出分离，得到偏铝酸钠溶液，向溶液中通入二氧化碳碳酸化分解制备氢氧化铝粉与碳酸钠结晶。

基于铝的双性金属特性，通过盐酸酸浸、氨水沉淀氢氧化铝、氢氧化钠碱溶除杂、碳酸氢钠沉淀氢氧化铝、煅烧制备氧化铝等步骤也可以实现铝灰的高值化再利用。李青达以铝灰为原料，通过水洗、酸浸、碱浸、pH 调整、煅烧等步骤，制得了纯度超 99% 的 α-Al_2O_3 多孔粉体材料，其制备流程见图 5-16。

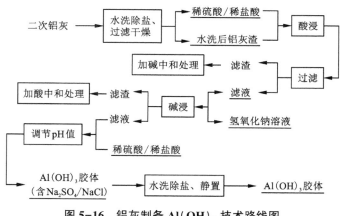

图 5-16 铝灰制备 Al(OH)₃ 技术路线图

在试验过程中, 硫酸和盐酸为常用的二次铝灰浸出提铝的酸溶液, 但如何选择合适的酸也是研究人员经常面临的难题。李青达配制了过量 15% 稀硫酸与 15% 稀盐酸, 分别与 100 g 铝灰进行反应, 每组间隔相同时间段对铝灰酸浸体系进行过滤, 称量剩余滤渣质量, 研究硫酸与盐酸和铝灰反应的特性。在相同浓度, 相同时间间隔下, 0~60 min 内, 盐酸反应速度快于硫酸, 且根据试验观察, 盐酸反应时比硫酸更加剧烈, 同时伴随大量的白色气体从烧杯中冒出, 气味也更加刺鼻, 在 60 min 以后盐酸反应速率逐渐慢于硫酸, 并且在 240 min 时间段内, 盐酸基本于 90 min 时停止反应, 剩余的滤渣质量也多于硫酸最终停止反应时剩余的滤渣质量。相比之下硫酸反应整个过程比较平缓, 因此完全停止反应的时间更长。综合考虑选择硫酸进行酸浸反应, 表 5-8 为硫酸与盐酸对二次铝灰浸出处理的区别。

表 5-8 相同时间间隔硫酸与盐酸反应剩余滤渣质量

硫酸		盐酸	
反应时间/min	滤渣质量/g	反应时间/min	滤渣质量/g
0	100	0	100
3	78.1	3	70.2
5	71.2	5	65.1
10	58.3	10	51.3
20	47.6	20	42.4

续表5-8

硫酸		盐酸	
反应时间/min	滤渣质量/g	反应时间/min	滤渣质量/g
30	39.2	30	35.6
45	34.3	45	32.8
60	30.5	60	31.6
90	27.1	90	30.8
120	25.2	120	30.7
150	24.3	150	30.6
180	22.6	180	30.5
210	21.9	210	30.4
240	21.5	240	30.4

沈阳工业大学以硫酸氢铵为主要介质溶出铝灰中的反应活性较大的铝化合物，处理后残渣用于制备耐火材料或结构陶瓷，浸出液通过氨水调整 pH 沉淀氢氧化铝粉体并得到硫酸铵溶液；硫酸铵溶液中的氟离子通过添加硫酸钠形成冰晶盐沉淀以降低浓度。其工艺流程见图 5-17。

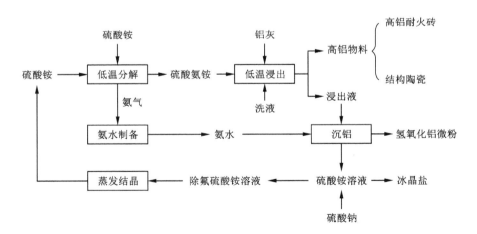

图 5-17 沈阳工业大学铝灰处置工艺流程图

Zhang 等采用酸浸+碱净化工艺从硫酸根中提取氢氧化铝。以农业废弃物-玉米秸秆为生物模板，煅烧制备多孔 γ-Al$_2$O$_3$。考察了 H$_2$SO$_4$ 浓度、反应温度和反应时间对硫酸根萃取回收率的影响。此外，还分析了煅烧温度与比表面积、孔体积和多孔 γ-Al₂O₃ 含量的关系。结果表明，在恒温 80 ℃、酸浓度 1.6 mol/L、酸浸反应 5 h 的最佳条件下，铝的回收率最高。Al(OH)₃ 沉淀物与玉米秸秆混合后高温煅烧获得了比表面积为 261.22 m²/g、平均孔径为 52.64 nm 的多孔 γ-Al₂O₃。

安源水等提供了一种通过工业铝灰制备氧化铝的新工艺，工艺流程见图 5-18，在 700 ℃煅烧得到了纯度为 99.2% 的 γ-Al₂O₃、1200 ℃煅烧得到 α-Al₂O₃。

表 5-9　火法和湿法回收铝灰中铝的工艺对比

方法	类别	适用范围	优势	弊端
火法	含盐	铝单质含量 > 50%、粒径小且分布均匀	设备简单、成本低	产物含大量盐，后续处理难度大
	不含盐		产物后续处理简单，二次污染率低	成本高，需额外设备与能源
湿法	酸浸	高硅、低铁	溶出率高	滤液中杂质多
	碱浸	高铝硅比	滤液中铝元素纯度高	铝溶出率相对较低

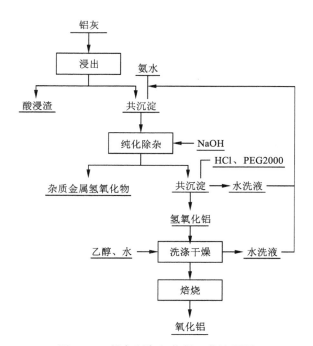

图 5-18　铝灰制备氧化铝工艺流程图

5.3.3 絮凝剂制备

絮凝剂聚合氯化铝（poly-aluminum chlorid，PAC），因其良好的吸附架桥作用和网捕作用，聚合氯化铝的水解产物对水中的悬浮物与溶解物产生絮凝分离效果。聚合氯化铝处理污水时具有沉降速度快、吸附能力强、絮凝剂用量少、处理成本低、适用于多类水质水温等优点，被广泛应用于工业废水、生活污废水的处理过程。

通过铝灰制备聚合氯化铝可以实现铝元素的高效利用，主要化学方程式如下：

$$2Al+6HCl \Longrightarrow 2AlCl_3+3H_2 \tag{5-31}$$

$$Al_2O_3+6HCl \Longrightarrow 2AlCl_3+3H_2O \tag{5-32}$$

$$mAlCl_3+2mH_2O \Longrightarrow [Al(OH)_2Cl]_m+2mHCl \tag{5-33}$$

铝灰制取聚合氯化铝工艺流程示意图见图 5-19。

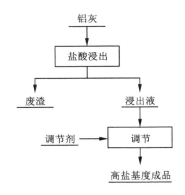

图 5-19 铝灰制备聚合氯化铝

胡保国通过废盐酸溶出铝灰中的铝并制备铝灰基液体絮凝剂聚合氯化铝，絮凝剂投加量取 24 mg/L 时可对农村生活污水中 57.5% 的 CODcr、14.2% 的 NH_4^+-N、72.4% 的 TP、92.2% 的 NTU 实现有效去除，混凝效果良好。罗资琴等以盐酸处理铝灰制备得到了盐基度高于 50%、氧化铝含量 9.5% 的聚合氯化铝液体，其最优工艺条件为 100 ℃ 下反应 6~12 h，95 ℃ 保温熟化 15~24 h。荀开昺在 80 ℃、盐酸浓度 6 mol/L、$n(HCl):n(Al)=3:1$ 条件下进行铝灰浸出反应 20 min，实现铝灰中铝浸出率>95%；以制备的 $AlCl_3$ 溶液在碱度 2.0、活化 pH=3、$n(Al^{3+}+Fe^{3+}):n(Si)=5:1$、$SiO_2$ 质量分数为 2.5%、配料比 $n(Al^{3+}):n(Fe^{3+})=9:1$、活化时间 7 min 条件下得到了絮凝效果良好的聚硅酸铝铁絮凝剂。

　　将铝灰水洗去除可溶物质后加入硝酸铁溶液充分浸渍后干燥破碎，细料与适量 ρ-Al$_2$O$_3$ 球磨混合，缓慢加入 3% 铝溶胶溶液造粒干燥得到臭氧氧化催化剂，图 5-20 为试样 SEM 图，在苯胺模拟废水中可脱除 89.71% 的 COD，且重复使用效果稳定。

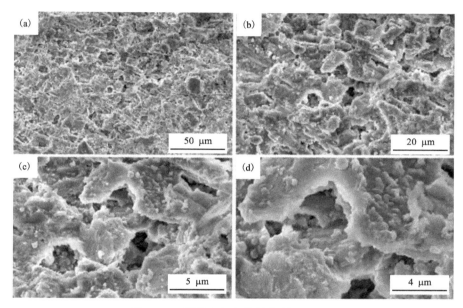

图 5-20　铝基臭氧氧化催化剂 SEM 图

　　Shusei Kuroki 利用碎石粉和铝灰合成沸石。石粉和铝灰均为工业废弃物，业内对这些废弃物的有效利用具有很高的期望。由于两种废料的主要成分均为硅、铝和氧，因此可以作为合成沸石的原料。研究以两种工业废渣为原料，在两次水热处理和中间酸处理的基础上，采用温和工艺成功地合成了高纯度实用材料 A 和 X 分子筛。在 150 ℃ 第一次水热处理中，将石粉中的石英溶解于溶液中，形成了 $n(\mathrm{Si})/n(\mathrm{Al})=1$ 的酸溶氢氧化钠 [Na$_8$(AlSiO$_4$)$_6$(H$_2$O)$_2$(OH)$_2$] 和铝硅酸盐钠 [Na$_6$(AlSiO$_4$)$_6$]。这些化合物被盐酸溶液溶解。将黄色干燥滤液在 80 ℃ 下于氢氧化钠溶液中进行二次水热处理，成功合成了沸石。在该工艺中，石粉中 Ca 的去除对 A 型或 X 型沸石的形成有一定的促进作用，通过控制酸溶液条件可实现 A 型沸石和 X 型沸石的选择性合成。

5.3.4　硫酸铝制备

　　杨娜等进行了硫酸处理铝灰回收硫酸铝的相关实验研究，具体工艺流程见图 5-21。实验发现，当浸出剂硫酸浓度小于 15% 时，铝的浸出率随着硫酸浓度的升高逐渐增大,但是浸出剂硫酸浓度超过 15% 时铝的浸出率反而有所下降低。实验中还发现,当浸出剂硫酸浓度超过 15% 时,固液分离过滤时极困难,这可能是由于硫酸浓度过大使浸出过程中矿物粒径过小,从而导致浸出渣中铝的损失增大。

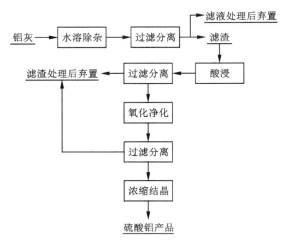

图 5-21   铝灰制备硫酸铝工艺流程

5.3.5   陶瓷制备

镁铝尖晶石具有高熔点(2408 K)、可靠的机械强度、显著的化学稳定性、高抗热震性和低热膨胀系数等特性,应用广泛,包括压力容器和防弹车辆的光学窗口、铝电解槽传统炭阳极材料的替代材料、湿度传感器,以及水泥回转窑和钢铁厂的耐火材料。

Zhang 通过 NaOH 溶液从二次铝灰中萃取回收铝,并用萃取渣烧结制备 $MgAl_2O_4$ 尖晶石。在 353 K 温度下,液固比为 12 mL/g、搅拌速度为 300 r/min、提取时间为 15 min 时,铝灰中可溶性铝的提取率可达到 80%;提取时间为 30 min 时,AlN 的水解率达到 40%,从铝灰中提取可溶性铝和 AlN 的活化能分别为 7.15 kJ/mol 和 8.98 kJ/mol,表明它们的动力学由无产物层的外部扩散控制。提铝后的残渣在 1373~1773 K 温度范围内烧结;在 1673 K 下烧结 3 h 的样品中产生了抗压强度高达 69.4 MPa 的 $MgAl_2O_4$ 尖晶石。该值超过了国家标准规定的氧化镁和氧化镁的阈值(40 MPa)《中国氧化铝耐火砖》(GB/T 2275—2007)。这些结果证实了从二次铝浮渣中回收铝以及随后合成 $MgAl_2O_4$ 尖晶石的有效性。图 5-22 为不同温度下得到的镁铝尖晶石 FF-IR 分析图,图 5-23 为尖晶石 SEM 图。

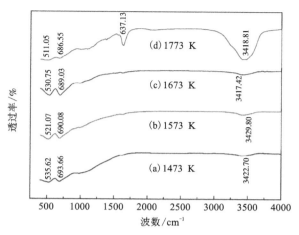

图 5-22　MgAl₂O₄ 尖晶石 FT-IR 图谱

图 5-23　MgAl₂O₄ 尖晶石 SEM 图

利用铝灰作为 Al_2O_3 的来源可用于合成铁铝尖晶石($FeAl_2O_4$)。由于熔融温度高(1780 ℃),铁尖晶石被广泛用于各种应用,包括耐火材料。对于耐火材料应用,铁铝尖晶石用于生产镁铁铝尖晶石砖,铝灰在 1200 ℃ 温度下在空气中加热1 h,然后使用液压机压实到基底中。基板在 1550 ℃ 的空气中与两种不同类型的铁屑接触 6 h。为了研究铁屑中碳含量对铁尖晶石形成的影响,采用纯铁屑和含碳量为 0.8% 的铁屑,利用 XRD、SEM 和 EDS 技术对反应后的样品进行表征。结果发现,最终产物是具有深灰色固相的铁尖晶石。铁尖晶石的形成是由于铝灰中的 Al_2O_3 与系统中的 Fe 或 FeO 相互作用的结果。FeO 来源于系统中过量氧气导致的铁屑氧化。铁中的碳含量影响系统中 FeO 的形成,进而影响铁尖晶石的形成。

另有研究人员以二次铝灰与氧化镁高温合成镁铝尖晶石,研究发现,升高烧结温度会导致试样显气孔率降低,体积密度随之增大、材料抗压强度提升。当铝灰与氧化铝质量比为 5∶1 时,在 1400 ℃ 条件下保温 3 h 可获得显气孔率为9.65%、体积密度为 2.02 g/cm³、抗压强度为 89.8 MPa 的镁铝尖晶石材料。选择AlN 浸出后的铝渣与单斜晶氧化锆(ZrO_2)、非稳定氧化锆为原料,采用常规工艺(煅烧、球磨、压实和烧结(1550 ℃/6 h)制备复合材料,所得材料性能优良,热冲击结果列于表 5-10 中。

表 5-10　热冲击实验

煅烧渣		非稳定熔融氧化锆		复合材料	
100 ℃	1150 ℃	100 ℃	1150 ℃	100 ℃	1150 ℃
75(成功)	50(成功)	50(失效)	40(失效)	75(成功)	50(成功)

铝灰和黏土作为添加剂,以废旧电瓷为原料,可以烧结制备耐高温材料。铝灰中的氮化铝和单质铝高温下与氧气发生反应生成氧化铝,同时铝灰中本身含有的氧化铝,均有利于提升制备材料的耐高温性能。图 5-24 为制备工艺流程图。铝灰添加量为 20% 时,在 1250 ℃ 条件下烧结得到的耐高温材料体积密度为 1.97 g/cm³、显气孔率为 12.44%、常温抗折强度为 28.33 MPa、抗压强度为69.16 MPa。

以二次铝灰为原料(质量占比约 80%),添加少量硅酸盐水泥(型号 32.5、质量占比 5%)、石膏(质量占比 4%)、熟石灰(质量占比 12%)等激发材料,制备出可满足国家非烧结垃圾尾矿砖标准(MU15)的铝灰渣免烧砖。以铝灰、高岭土、钾长石、石英等为原料,通过配料、球磨混料、干燥造粒、压制成型、烧成等步骤

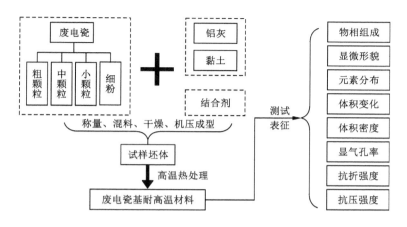

图 5-24　制备流程图

制备发泡建筑材料，表 5-11 为张优设计的基础配方，在此基础上优化得到最佳配方铝灰 25%、石英 25%、高岭土 10%、滑石 15%、钠长石 18.75%、钾长石 6.25%、氧化铁 1%，最优条件下所得试样平均气孔孔径为 1 mm、气孔率为 88%、吸水率为 0.8%、抗压强度为 2.5 MPa，符合 JG/T 1—2017 标准。

表 5-11　基础配方构成(质量分数)　　　　　%

铝灰	高岭土	钾长石	石英
25	10	40	25

Al_2O_3	SiO_2	Na_2O+K_2O	$CaO+MgO$	Fe_2O_3
25.17	61.47	6.57	6.09	0.7

5.3.6　SiAlON 粉制备

SiAlON 材料是一种具有广阔应用前景的高硬度、高耐磨性、低热膨胀系数等优势明显的陶瓷材料，其主要合成方法有碳热还原氮化法、燃烧合成法、氮化反应法等。铝灰中因含有大量的有价金属铝，可作为 SiAlON 材料制备的原材料，通过添加硅粉调整铝硅比，制备高性能 SiAlON 粉。

焦志伟、周伟以铝灰为原料设计了基础玻璃烧结制备配方，制备了铝灰渣微晶玻璃。研究发现，铝灰含量对微晶玻璃的硬度起积极作用，如图 5-25 中的试验数据所示。

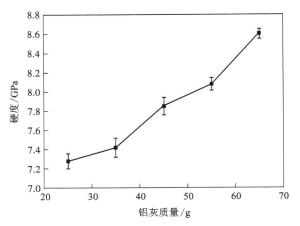

图 5-25　铝灰质量与微晶玻璃硬度的关系图

在硅铝比 2.5、1450 ℃条件下，可以通过保温铝灰 4 h 合成得到纯度较高的 β-SiAlON 粉。制备的粉体材料分层明显，上层为 SiAlON、氧化铝、莫来石为主的块状与片状结构，下层为 SiAlON 为主的纤维结构。图 5 - 26 为铝灰制备 β-SiAlON 过程上下层简化生长模型。

5.3.7　钢铁冶炼中的应用

铝灰用于钢铁冶炼过程始于 20 世纪 80 年代，日本中部钢板株式会社尝试在钢铁冶炼不同工序添加不同品位的铝灰作为精炼剂。北京科技大学于 1996 年开始研究铝灰在钢铁冶炼中的循环再利用。当前国内相关研究已取得了较大成果。

利用铝灰脱除炼钢过程中的氧，实现铝灰的绿色综合利用。钢液的脱氧原理是选用与氧亲和力比铁大的元素，加入铁液内部或和铁液接触以后，这些脱氧元素和铁液中间的氧化铁发生还原反应，和氧结合，形成氧化物排出铁液的过程，部分的脱氧产物没有及时排出钢液，成为夹杂物留在钢中，影响钢材的性能，向钢液中加入与氧亲和力比铁大的元素，使溶解于钢液的氧转化成不溶解的氧化物，自钢液中排出，这称为脱氧（deoxidization）。铝灰脱氧主要分为三个部分：一是金属铝与氮化铝剂与炼钢过程中钢水、炉渣含有的氧反应脱氧；二是铝灰中氧化铝吸附脱氧过程产生的细小物质并上浮脱除；三是铝灰中的氟盐、钠盐等在钢水内部与脱氧反应产生的夹杂物进一步反应生成熔点比较低的物质后上浮分离。铝是很强的脱氧剂，常常用于生产镇静钢，其脱氧能力很强，即使加入少量的铝，也能阻止钢液中的碳氧化并且减少生成的氧化物。仅当铝浓度很低（$w[Al] < 0.001\%$）时，才能形成熔点高达 1800~1810 ℃的铁铝尖晶石（$FeO \cdot Al_2O_3$），一般

产物下层：

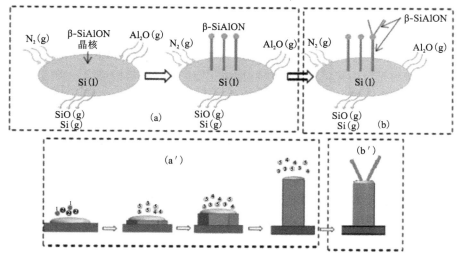

产物上层：

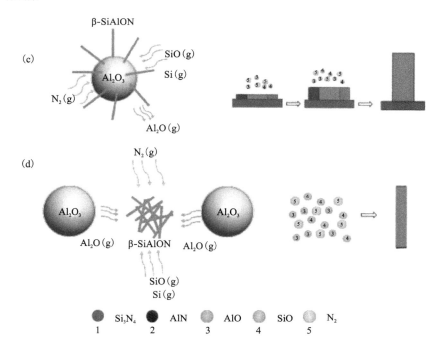

图 5-26　铝灰制备 β-SiAlON 简化生长模型

是形成纯 Al_2O_3，其脱氧反应如下：

$$2[Al]+3[O]\Longrightarrow Al_2O_3 \tag{5-34}$$

钢中尺寸较小的夹杂物颗粒不足以上浮去除，必须通过碰撞聚合成大颗粒，较大的夹杂物陆续上浮到渣层，或者扩散进入耐材的内部。绝大部分的夹杂主要靠聚集上浮进入顶渣去除，而不是林兹考格（N. Lindskog）认为的大部分由钢包壁吸附。比如对于自由氧接近 0.04% 的钢液用铝脱氧，如果铝是以一批的方式加入钢液中，主要形成珊瑚 Al_2O_3 簇，这些簇状物很易浮出进入渣中，只有少量紧密簇状物和单个 Al_2O_3 粒子滞留在钢液中，其尺寸小于 30 μm。如果以两批的方式加入，靠近 Al_2O_3 粒子，有一些板型的 Al_2O_3 出现，其尺寸为 5~20 μm。所以加入铝时应尽可能快地一批加入，以减少有害的 Al_2O_3 夹杂。出钢时加铝脱氧能形成较大尺寸的 Al_2O_3 夹杂。夹杂尺寸越大，碰撞结合力越大，有利于增大夹杂对气泡的附着力，有利于夹杂的去除。钢液中夹杂物颗粒在搅拌状态下的析出形式上可以理解为一种传质过程，过程从钢液内部指向自由表面、指向熔渣或耐火材料壁。析出后的颗粒，受界面力的影响，一般不再返回钢液中。

李燕龙等研究发现，以铝灰为脱氧剂，可将钢包渣中的 FeO 含量由 31.2% 降至 3.2%，[O] 含量由 4.8×10^{-4} 降至 1.7×10^{-5}、[S] 含量由 1.9×10^{-4} 降至 7.5×10^{-5}，且添加量为 0.015%~0.02% 时 LF 炉处理时间可缩短 10 min，但铝灰脱氧会导致钢液中氮含量增加。加入铝灰后的渣钢界面处 FeO 与 [O] 活度降低，铝灰中的 AlN 易与 FeO 反应生成 N_2。未加入铝灰时钢液内部的表面活性组分 FeO、[O]、[N] 等会自发向钢液表面扩散以减小表面张力，而 N_2 生成后需要吸附 N_2 以减小表面张力，使得钢液中氮含量增加。在高强度建筑用钢制备过程中，一般加入钒钛等金属增强其性能，钒钛可与渣中的氮反应生成氮化物进入钢液，有助于高强度建筑用钢合金化生产。

甘肃酒钢集团将含有氟化物的铝灰投入炼钢生产中，有效降低了造渣材料石灰的熔点，加速其熔解；加入适量的 Al_2O_3，脱除钢水中的硫，还可以生成泡沫状渣提高钢渣流动性，有利于炉渣中大颗粒吸附夹杂物的上升与钢水的分离，实现钢水质量的有效控制；生产过程中，分别以 50 t/炉、100 t/炉、150 t/炉的铝灰添加量进行试验，测试发现烟道气中氟含量均低于大气污染物排放标准。

表 5-12 为铝灰在钢铁中制备炼钢精炼剂的工艺对比。

表 5-12 铝灰制备炼钢精炼剂工艺对比

工艺	原料	烧结温度	制备过程
直接烧结	铝灰、石灰	1380 ℃	原料混合均匀，高温熔融，物料急速冷凝，破碎分级

续表5-12

工艺	原料	烧结温度	制备过程
铝灰预处理	铝灰、石灰石	1400 ℃	水洗脱盐，配料混合高温熔融
	铝灰、电石渣	1500 ℃	
	铝灰、碳酸钙	1300~1600 ℃	煅烧后铝灰与水混合，加酸反应，滤渣高温烧结
分段烧结	铝灰、含钙料	低温(300~500 ℃) 中温(800~1000 ℃) 高温(1480~1620 ℃)	压团，低温煅烧，中温强氧气氛煅烧，高温熔融煅烧

5.3.8　其他应用途径

以二次铝灰为基质、添加碱激活剂以固化垃圾飞灰中的可溶重金属离子，研究发现，碱激活剂用量对垃圾飞灰中的重金属 Pb、Zn、Cu 固化作用明显，对 Cr 和 Cd 浸出浓度影响不显著。随着碱激活剂添加比例的增加，二次铝灰基固化体中重金属 Cr 和 Cd 的浸出浓度变化较小，而重金属 Pb、Zn 以及 Cu 的浸出浓度下降较明显，同时碱激活剂的添加比例的增加会略微提高固化体的抗压强度。对于二次铝灰-SiO_2 基固化体，当碱激活剂添加比例<6%时，重金属 Cr、Cd、Pb、Zn 及 Cu 的浸出浓度随着碱激活剂添加比例的增加明显下降，而当碱激活剂添加比例在 6%~7%的范围时，重金属的浸出浓度逐渐趋于平缓，固化体的抗压强度同样在碱激活剂添加比例为 3%~6%的范围内上升较快。导致上述两种固化体重金属毒性浸出特性曲线不一致的原因主要是：添加到二次铝灰基固化体内的 NaOH 在较大程度上中和了浸提剂，同时生成了少量的聚合物，而添加到二次铝灰-SiO_2 基固化体内的 NaOH 主要促进单硅铝聚合物的生成。较高的煅烧温度可以增强二次铝中 Al_2O_3 和 SiO_2 的活性。当二次铝灰基质的煅烧温度在 600~800 ℃区间时：二次铝灰-SiO_2 基固化体内重金属 Cr、Cd、Pb、Zn 及 Cu 的浸出浓度随着煅烧温度的升高显著降低，同时固化体抗压强度显著提高；二次铝灰基固化体中重金属 Cr、Cd、Pb、Zn 及 Cu 的浸出浓度随着煅烧温度的升高略微降低，固化体的抗压强度略微上升，但两者变化的幅度都很小。铝灰基固化体活化最优温度区间为 600~800 ℃，在此区间内得到的固化体抗压强度高、可溶重金属离子浸出浓度低。

二次铝灰在路用及建筑材料方面的应用研究也较多。将铝灰掺入混凝土中代替一部分粉煤灰使用，铝灰的掺入可以在不改变混凝土强度的情况下降低其密度，但随着铝灰掺入量的增加，混凝土的性能急剧下降；将硅酸盐水泥熟料、矿渣、粉煤灰、二水石膏和铝灰均匀混合制成复合水泥，但由于铝灰的烧失量较大（一般在 10% 左右），因此在水泥中的加入量不宜过大，一般在 6%~8% 之间。用铝灰生产复合水泥，可以降低水泥的生产成本，改善水泥的安定性。但是将铝灰用于混凝土或水泥，由于铝灰中含有金属铝、氮化铝及碳化铝等，它们会水化，产生气泡，导致混凝土或水泥内部产生气孔、膨胀，使得内部结构疏松，强度降低，因而利用率不高。可见，直接将铝灰以混合材料或掺合料形式用于建筑材料中，面临的问题较大。基于铝灰的高铝特性，将其作为原料配入水泥生料中，经窑内煅烧，金属铝、氮化铝及碳化铝等都将作为铝组分参与反应，生成铝酸盐水泥熟料中的矿物，水化时具有胶凝性，从而避免上述问题。钟文将二次铝灰用于水泥生产以替代部分高铝矾土，最大掺比达 5.5%。铝灰可改善铝酸盐水泥易烧性，降低生产成本；铝灰中的可溶氟可导致水泥凝结用水量提升。该研究有助于固体废弃物铝灰的资源化综合利用，拓展应用途径、提供处置新思路。表 5-13 为制备的铝灰基水泥物理性能。

表 5-13　铝灰基水泥物理性能

名称	抗压强度/MPa					抗折强度/MPa		
	6 h	1 d	增进率/%	3 d	增进率/%	6 h	1 d	3 d
A-1420 ℃样品	20.6	63.7	145.00	70.8	11.15	4.0	7.5	8.7
B-1420 ℃样品	15.6	55.7	257.05	65.6	17.77	2.9	6.0	6.6
C-1420 ℃样品	15.4	54.1	251.30	67.1	24.03	2.8	5.5	7.0
D-1400 ℃样品	0.8	5.9	637.50	11.8	100.00	0.4	1.5	2.0
E-1400 ℃样品	2.8	19.9	610.71	30.5	53.27	0.9	3.0	3.9
CA50-Ⅰ		≥40		≥50			≥5.5	≥6.5
国标值 CA50-Ⅱ	≥20	≥50		≥60		≥3	≥6.5	≥7.5
CA50-Ⅲ		≥60		≥70			≥7.5	≥8.5

注：A—铝灰添加量为 0，B—铝灰添加量为 3.5%，C—铝灰添加量为 5.5，D—铝灰添加量为 48.9%，E—煮沸铝灰添加量为 25.5%。

脱氮铝灰是二次铝灰经过水洗脱盐、脱氮后获得的以氧化铝、氢氧化铝、镁铝尖晶石为主要物相的一种粉末混合物。为获得更好的脱盐、脱氮效果，其水洗过程一般在高温、高压的反应釜内进行，元素氮以铵盐的形式被回收。这个过程还伴随着如铝、碳化铝等活性物质的水解，因而作为水洗产物的脱氮铝灰呈现出一定的化学钝性。通常将其掩埋于垃圾填埋场中，不会对填埋场造成不良影响或构成潜在隐患。然而，考虑到每年庞大且逐渐增长的铝灰产量，填埋处理不仅会加剧填埋场空间的紧张形势，同时如此庞大且富含氧化铝、镁铝尖晶石的脱氮铝灰的填埋也将造成极大的资源浪费。将脱氮铝灰与环氧树脂进行复合，利用高填充下脱氮铝灰在环氧树脂中的沉降作用制备在重力（或离心力）方向上具有明显填料梯度变化的脱氮铝灰-EP 复合梯度材料。材料性能较纯环氧树脂有明显改善：拉伸强度提升 1.03 倍、杨氏模量提升 17%、断裂延长率改善 27%，拉伸韧性增强 1.51 倍。图 5-27 为脱氮铝灰-环氧树脂复合材料制备过程。

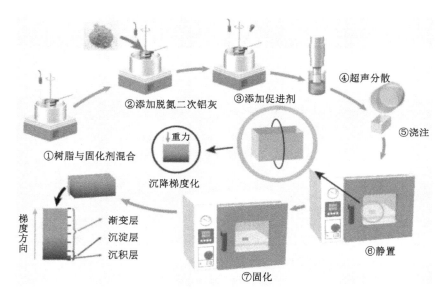

图 5-27　脱氮铝灰-环氧树脂复合材料制备过程

　　拉伸性能测试结果表明复合材料的渐变区（2～12 mm）表现出更优于纯树脂的机械性能。复合材料的沉淀层除表现出更高的杨氏模量外，极限拉伸强度、断裂伸长率、拉伸韧性都与纯树脂相近或略低。对其拉伸断裂表面形貌进行表征，结果表明脱氮铝灰的添加在拉伸过程中可以通过激发剪切屈服、裂纹挠度、微裂纹以及颗粒拔出等增韧机制，实现对环氧树脂基体的增韧作用。拉伸断裂过程中脱氮铝灰颗粒的应力集中使得其周围的环氧基体发生剪切屈服，并生成大量的局部剪切带，见图 5-28(a)。剪切带的生成与增长过程会消耗大量能量，使复合材料表现出更好的韧性。在裂纹扩展过程中，由于裂纹前端存在脱氮铝灰颗粒使得裂纹发生偏转，见图 5-28(a)。与纯环氧树脂相比，在这一过程中复合材料能产生更多的断裂表面，从而产生更多的能量消耗，实现复合材料的增韧。如图 5-28(b)所示，断裂表面存在形貌与脱氮铝灰中塔状团聚体相应的孔洞。这是由于在断裂过程中，塔状团聚体与环氧树脂基体之间脱黏，从而发生颗粒拔出。

在载荷作用下脱氮铝灰颗粒与环氧树脂基体间产生微裂纹，新表面的产生会消耗大量的能量。硬度测试表明，复合材料在梯度方向上的硬度变化表现出同其密度变化相类似的趋势，即随着梯度方向上距离的增加先是快速下降，然后在 2400~12000 μm 范围内，未显示出较大的硬度值变化，仅在 24 kgf/mm² 左右浮动。此外，脱氮铝灰中高长径比的塔状团聚体与复合材料 0 μm 面的硬度稍低于梯度方向上硬度值的最大值有关，这归因于 0 μm 面在硬度测试时，塔状团聚体中片状颗粒的堆叠方向同硬度计压头的载荷方向的夹角太小，不能通过有效激发片状颗粒间的摩擦力来抵抗硬度计压头的载荷。动态热机械分析表明，脱氮铝灰的添加可以有效增大复合材料的储能模量，超高填充量的沉淀层表现出高达 3725 MPa 的储能模量。

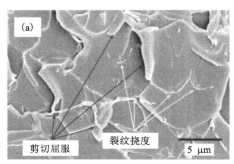

(a) 剪切屈服与裂纹挠度   (b) 颗粒拔出与微裂纹

图 5-28　增韧机制

第 6 章
烟气处理

6.1　概述

在氧化铝-熔盐电解生产铝过程中，在阳极区域不仅会产生阳极气体，还可能产生电解烟气。铝电解烟气是铝电解槽运行过程中产生的有害气体，主要构成为 CO_2、CO、SO_2、HF 等气态物质，以及电解质、氧化铝、炭等固体物质。

表 6-1 为铝电解烟气主要成分、体积分数、沸点等基本性质。

表 6-1　铝电解烟气性质

成分	沸点/℃	体积分数/%	成分	沸点/℃	体积分数/%
N_2	-195.8	86.9	CO	-192.9	0.5
O_2	-182	10.9	CO_2	-78.5	1.4
SO_2	-10	40~80	HF	19.5	40.2
固氟	-95.1~-128.0	40.1	沥青烟	70~90	0.33

6.1.1　烟气产生的原因

（1）熔融的电解质蒸气

电解槽中的氟化物受热挥发以固态氟化物形式进入烟气，熔融电解质蒸气主要为 Na_3AlF_6、$NaAlF_4$、AlF_3，蒸发气态冰晶石在温度低于 920 ℃时冷却易分解为亚冰晶石和氟化铝。

（2）氟盐水解产生的 HF 气体

氧化铝在 400~600 ℃下还可含有 0.2%~0.5% 的水分，在电解槽高温环境中，氟盐易与氧化铝中的水分发生反应产生氟化氢气体，氟化氢是铝电解过程主要危险污染物。

$$2Na_3AlF_6 + 3H_2O \longrightarrow Al_2O_3 + 6NaF + 6HF \uparrow \qquad (6-1)$$

$$2AlF_3 + 3H_2O \longrightarrow Al_2O_3 + 6HF \uparrow \qquad (6-2)$$

阳极效应导致电解槽电压急剧升高,析出的 F 原子与阳极 C 反应生成 CF_4 气体,电解槽接近发生阳极效应时烟气仅含有体积量 1.5%~2% 的 CF_4、C_2F_6 气体,在效应发生过程中含量高达 20%~40%。

电解过程易产生副产物 SiF_4、H_2S 等。原料中含有的 SiO_2 杂质高温下发生电化学反应生成 SO_2、SiF_4 气体。

$$4Na_3AlF_6 + 3SiO_2 \longrightarrow 2Al_2O_3 + 12NaF + 3SiF_4 \uparrow \qquad (6-3)$$

$$4AlF_3 + 3SiO_2 \longrightarrow 2Al_2O_3 + 3SiF_4 \uparrow \qquad (6-4)$$

$$2S + C + 2H_2O \longrightarrow 2H_2S \uparrow + CO_2 \uparrow \qquad (6-5)$$

(3)粉尘

电解烟气中的粉尘主要是添加氟盐、氧化铝下料过程中产生的扬尘进入烟气。粉尘主要包括固体氧化铝、冰晶石、氟化铝等,另含有少部分从电解槽火眼中喷出并随烟气进入处理系统的阳极炭渣。此外,运输过程中产生的扬尘也是电解烟气中粉尘的一部分。

6.1.2 电解烟气的危害

由表 6-1 中污染物可知,未经处理的电解烟气对环境存在极大污染威胁。

电解烟气中主要污染物为氟化物和二氧化硫。氟化物是植物最大的毒害污染物之一,气态氟经叶片、固态氟经根系进入植物体内并集聚。大气中氟浓度 1 μL/L 即可对敏感植物产生危害,浓度为 5 μL/L 则会对大多数植物产生急性毒害作用。动物受氟影响最大的是骨骼和生长中的牙齿,氟将导致骨质松脆、体态膨胀;牲畜长期食用含氟草料会引起慢性中毒。氟对人体也具有极大危害。研究发现,氟化氢对人体产生的危害较二氧化硫高 20 倍,较氯气高 5 倍。人体纳入过多的氟将导致骨质增生、骨硬化、斑状齿等氟骨病,氟化物还对人体呼吸道黏膜、皮肤有强烈的腐蚀、刺激作用。氟化物为国家二级毒性毒害物质(《职业性接触毒物危害程度分级》),为高危物质,车间空气中氟化物最高容许浓度为 0.5 mg/m^3。表 6-2 为氟化物对铝厂人员的影响。

为防止电解烟气散逸到电解车间造成环境污染,铝电解槽设置了槽盖板以阻止烟气外溢、设置了集气罩以负压状态抽取槽内烟气,通过排烟管道将其输送到净化工序。电解烟气中,电化学产生气体约占 10%,但具有有害物质浓度高的特点。

电解烟气主要污染物为氟化物、二氧化硫、粉尘,经理论计算及工程实践验证,净化系统入口处粉尘的浓度通常为 650~950 mg/(N·m^3),氟化物的浓度为 300~450 mg/(N·m^3),SO_2 的浓度为 150~200 mg/(N·m^3)。

表 6-2 氟化物对铝厂人员的影响

大气氟化物含量	尿中氟化物含量	说明
低于 2×10^{-6}		新工人感到头痛、恶心、呼吸道感染，几天后好转；5 年以上工人 13.5% 受伤害
$0.14 \sim 3.43$ mg/m³（电解厂房内）	男性：9.03 mg/24 h（全部时间） 男性：5.19 mg/24 h（部分时间） 女性：3.64 mg/24 h	189 人中，X 光检测异常者 25.4%、咳嗽发生率 12.8%
$0.141 \sim 0.15$ mg/m³（电解厂其他地方）	男性：1.83 mg/24 h 女性：1.58 mg/24 h	60 人中，X 光检测异常者 8.3%、咳嗽发生率 6.9%
$0.033 \sim 0.048$ mg/m³（电解厂中心区）	0.84 mg/24 h	74 人中，X 光检测异常者 4%
一铝厂 4×10^{-6} 氟 一铝厂 3×10^{-6} 氟或更少		工作 7 ~ 30 年电解工 10 人 X 光检测，2 人骨质疏松、3 人局部骨质密度增大

根据《铝电解厂通风除尘与烟气净化设计规范》(GB 51020—2014) 的规定，单位铝产品污染物散发量分别为粉尘 45 ~ 75 kg/t-Al、氟化物 15 ~ 35 kg/t-Al、SO_2 4 ~ 25 kg/t-Al。

6.2 烟气除氟

电解烟气主要采取干法净化工艺、湿法净化工艺进行脱氟作业。

湿法净化通过液体吸收剂吸收分离烟气中的氟化物、二氧化硫、粉尘等来净化烟气，主要是通过水或碱液吸收烟气中的氟化氢。若以氢氧化钠溶液为吸收剂，加入偏铝酸钠可回收冰晶石(Na_3AlF_6)；若以水为吸收剂，加入氧化铝可回收氟酸铝，加碱可回收冰晶石。湿法净化可产生废水、废渣等二次污染，存在设备腐蚀的潜在危险，且处理成本高。当前湿法净化工艺较少应用于电解烟气脱氟过程。

干法净化为吸附反应原理，通过物理、化学吸附来实现净化污染物的目标。干法净化即以固体物质吸附气体物质过程。铝电解含氟烟气方法净化过程以氧化铝为固体吸附剂，吸收烟气中含有的气态氟化物。图 6-1 为电解烟气干法净化原则工艺流程图。

在干法净化过程中，氟是其主要净化元素，而电解过程中氟的收支平衡对电解槽正常运转与烟气排放具有极大影响。氟的入槽来源主要包括氟盐的加入、电

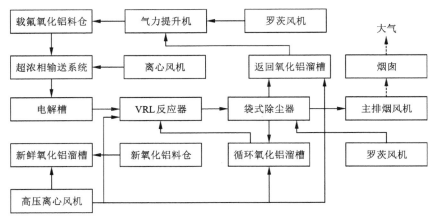

图6-1 干法净化工艺流程图

解烟气净化回收的氟化物、焙烧炉烟气净化回收的氟化物、电解质/抬包清理等
回收的氟化物。电解槽氟的支出主要包括阳极残极带出，电解质水解、挥发进入
烟气，槽内衬吸收，出铝带走电解质，生产过程机械损失五个途径。根据国内铝
电解业综合数据，吨铝排氟量为20~31 kg、氟化铝添加量为15~22 kg。汪林以吨
铝加氟化铝17 kg、排氟25 kg进行电解过程氟收支平衡计算，结果见表6-3和
图6-2。

表6-3 铝电解过程氟平衡

收支	分项	量/(kg·t^{-1}-Al)	比例/%
收入	新加氟盐	12.07	28.73
	电解烟气回收	27.44	65.30
	焙烧烟气回收	1.21	2.88
	电解质、抬包渣	1.30	3.09
	合计	42.02	100.00
支出	进入电解烟气	27.00	64.25
	槽内衬吸收	9.61	22.87
	残极带走	3.14	7.47
	出铝带走	0.87	2.07
	机械损失	1.40	3.34
	合计	42.02	100.00

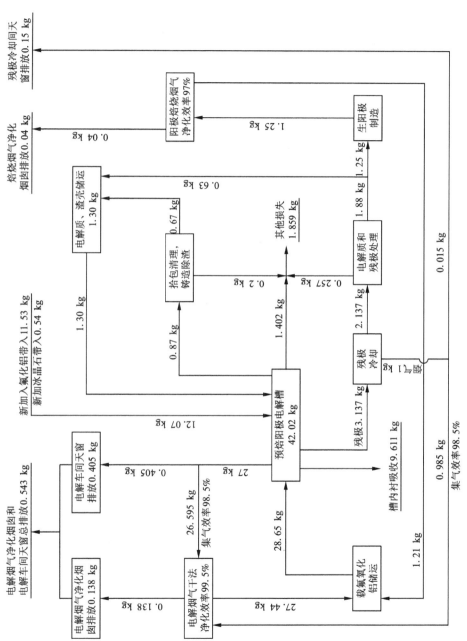

图6-2 氟平衡图（以吨铝为基数计算）

内蒙古大唐国际再生资源开发有限公司开展了 330 kA 铝电解生产过程中烟气净化生产实践。采用干法净化技术,基于氧化铝对氟化氢气体的吸附性能,以氧化铝为吸附剂脱除烟气中氟化氢气体,载氟氧化铝和粉尘通过袋式收尘器过滤分离,烟气通过 60 m 烟囱排空。

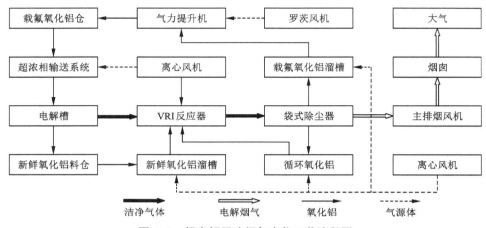

图 6-3　铝电解干法烟气净化工艺流程图

电解烟气净化系统运行近两年以来,对于尾气的排放严格控制,氟化氢的排放标准从最初的低于 9 mg/m³ 降至低于 3 mg/m³,粉尘排放标准从最初的低于 50 mg/m³ 降至低于 30 mg/m³。

云南云铝泽鑫铝业公司采用氧化铝吸附 F、布袋收尘相结合的方法对烟气进行净化,将有害气体氟化氢转化为载氟氧化铝后返回电解槽。

氧化铝吸附氟化氢反应方程式:

$$3Al_2O_3 + 6HF \longrightarrow 3(Al_2O_3 \cdot 2HF) \tag{6-6}$$

化学过程:

$$3(Al_2O_3 \cdot 2HF) \longrightarrow 2Al_2O_3 + 2Al_2F_3 + 3H_2O \tag{6-7}$$

总反应方程式:

$$Al_2O_3 + 6HF \longrightarrow 2AlF_3 + 3H_2O \tag{6-8}$$

图 6-4 为泽鑫铝业公司 420 kA 电解槽烟气净化流程。

主排烟风机通过负压将槽内含氟烟气捕集进入重力逆流反应器与氧化铝进行吸附作用,通过袋式过滤器进行气固分离,净化后烟气经烟囱排空,载氟氧化铝经沸腾床、风动溜槽由气力提升机输送到载氟仓供电解槽生产使用。该系统污染物净化指标见表 6-4。

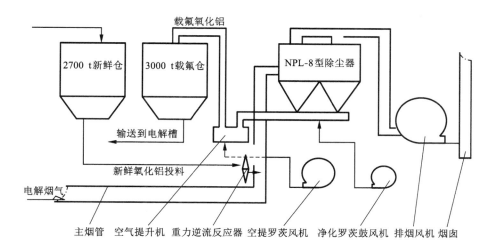

图 6-4　泽鑫铝业烟气净化系统

表 6-4　烟气排放污染物指标

主要污染物	排放标准(中国)	排放标准(试行)	泽鑫指标 I	泽鑫指标 II
氟化物/$(mg \cdot m^{-3})$	3	2	1.57	1.08
烟尘/$(mg \cdot m^{-3})$	20	20	3.80	3.40
SO_2/$(mg \cdot m^{-3})$	200	200	158.00	136.00

该套系统可以有效去除电解烟气中的有害气体氟化氢，但也存在一定的缺点。

（1）净化部分投料模式缺陷

净化反应器是烟气中氟化物与氧化铝反应容器，采用分段溜槽投料方式+重力逆流反应器，属于文丘里反应器，新鲜氧化铝不能持续、均衡加料，易出现吸附剂断流、布料不均等问题，导致烟气中氟化氢回收不彻底、反应不均衡；载氟氧化铝入仓后易分层，一定程度上影响了其在电解工序中的使用。

（2）新鲜氧化铝用量较大

传统的文丘里反应器在参与反应的氧化铝总量、流量控制以及均衡布料方面存在灵敏度低的弊端，不能及时、全方位捕集含氟气体，烟气净化效率低，部分氟化氢气体未能得到充分回收，增大了吸附剂氧化铝的投加量。该系统吨铝氟盐耗氧化铝 21~23 kg/t-Al，远高于同行的 18 kg/t-Al。

东北大学设计研究院开发了超大型烟气净化与氧化铝贮存系统，解决了多台电解槽出口负压平衡问题，降低了排烟管网系统阻力，有效保证了除尘器内烟气均布和氧化铝均衡性，在经济合理的前提下实现了氧化铝长距离、大能力输送。

以年产 25×10^4 t 原铝计算，该技术具有如下几个优点：

①投资较低，同比下降 16.2%，表 6-5 为投资对比。

表 6-5　投资对比

单位：万元

项目	本技术	传统技术
除尘器	3500	4000
排烟支管处调节阀门	0	101.4
主引风机	320	336
土建费用	800	1200
排烟管网	1000	950
氧化铝贮存系统投资	900	1200
合计	6520	7787.4

②运行成本降低 180.5 万元。

减少运维人员 16 人，人均成本 8 万元/年，人力成本降低 128 万元/年；吨铝电耗降低 7 kW·h/t-Al，电费按 0.3 元/(kW·h)计，年减少电费 52.5 万元。

哈萨克斯坦电解铝厂(中色股份承建)，烟气净化系统为挪威 ALSTOM 公司产 GTC 工艺。每套系统处理 72 台 320 kA 电解槽产生的烟气，主要包括排烟管网、袋滤系统、氧化铝输送设备、循环加料器、空气溜槽、气力提升机、排烟风机、烟囱、控制系统等单元。该系统布袋清灰采用 OPTIPOW 专利中压脉冲清灰系统，具有 PLC 控制在线自动清灰、布袋易更换且不需特殊工具、中压空气消耗低能耗低等特点。表 6-6 为 GTC 系统烟气排放值。

表 6-6　GTC 系统烟气测量值

名称	单位	入口测量值	烟囱出口测量值	
气氟	mg/(N·m⁻³)	200(设计最大值)	0.12/99.9%	99.3%
固氟	mg/(N·m⁻³)	140(设计最大值)	0.04/99.9%	99.4%
粉尘	mg/(N·m⁻³)	700(设计最大值)	0.5/99.8%	≤0.5 或 99.4%

在电解过程中，未经电解槽收集而无组织逸出后通过天窗排放或未经净化系统收集直接通过烟囱排放是氟损失的主要途径，需要通过提高集气效率、提高净化效率来降低氟化物排放，实现电解铝氟化物的总量控制。东北大学设计研究院开发了相关技术装备，通过高位分区集气技术、槽罩板改进设计、导杆与锤杆密封、新型两段干法净化技术实现了电解烟气中氟化物、粉尘的有效分离与回收。但该工艺存在净化效率低(不能充分利用载氟氧化铝与新鲜氧化铝对氟化氢吸附性质不同的反应特性)、袋式除尘器缺乏载氟氧化铝预分离功能。

6.3 烟气脱硫

当前电解槽干法烟气净化脱氟率可超过 99%，但难以脱除其中的 SO_2，未经脱硫处理的烟气 SO_2 及颗粒物浓度超过《铝工业污染物排放标准》(GB 25465—2010)中污染物排放浓度限值。因此，净化脱氟后的烟气需经脱硫除尘处理才能满足相关环保要求。表 6-7 为云南某电解铝厂干法净化后未经脱硫处理的电解烟气中 SO_2 及颗粒物浓度成分。

表 6-7 干法净化后电解烟气成分表

项目	SO_2	F	颗粒物
云南某电解铝厂干法净化后未脱硫烟气	230~380	1~2	50
国标 GB 25465—2010 限值	200	3.0	20

当前电解烟气中 SO_2 脱除工艺主要包括氨法、湿式钙法、钠碱法、活性炭法等工艺。

6.3.1 氨法

氨法脱硫技术主要指的是利用气态或液态 NH_3 作为碱性脱硫吸收剂，烟气中的 SO_2 与循环浆液在塔内吸收段进行逆流接触后，发生气液传质交换和化学反应吸收，并产生硫酸铵 $[(NH_4)_2SO_4]$ 的一系列过程。

图 6-5 为氨法脱硫系统示意图。

含硫烟气进入吸收塔后上升，遇到氨水溶液，发生吸收化学反应：

$$(NH_4)_2SO_3+H_2O+SO_2 \longrightarrow 2NH_4HSO_3 \tag{6-9}$$

$$NH_4HSO_3+NH_3 \longrightarrow (NH_4)_2SO_3 \tag{6-10}$$

若氨水量充足，则产生最终产物亚硫酸铵 $[(NH_4)_2SO_3]$。

$$2NH_3+H_2O+SO_2 \longrightarrow (NH_4)_2SO_3 \tag{6-11}$$

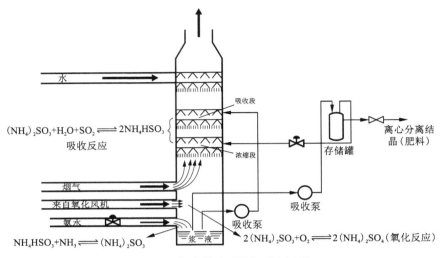

图 6-5　氨法脱硫系统与反应过程

若氨水量不足，则产生中间产物亚硫酸氢铵（NH_4HSO_3）。

$$NH_3+H_2O+SO_2 \longrightarrow NH_4HSO_3 \tag{6-12}$$

亚硫酸铵与鼓入的氧气发生氧化反应，生成硫酸铵[（NH_4）$_2SO_4$]。

$$2(NH_4)_2SO_3+O_2 \longrightarrow 2(NH_4)_2SO_4 \tag{6-13}$$

中间产物硫酸氢铵进入底部的浆液池，持续注入过量氨水与硫酸铵反应。

$$NH_4HSO_3+NH_3 \longrightarrow (NH_4)_2SO_3 \tag{6-14}$$

含有硫酸铵、亚硫酸铵、氨水的浆液一方面通过吸收泵送入喷洒头喷下开始新的循环，另一方面通过硫酸铵泵送入存储罐浓缩结晶硫酸铵，浓酸后的溶液返回吸收塔重新开始吸收循环。

当前氨法脱硫系统改良优化研究工作主要体现在以下两个方面。

一是优化控制吸收塔内反应工艺参数。通过入口处烟气量来调整水泵的流量，调整塔内液气比，在最佳反应条件下促使烟气中 SO_2 与吸收液尽可能充分反应，实现烟气中 SO_2 的高效率吸收脱除。

二是调整控制塔内吸收液的 pH。控制进入浆液池的氨水量，通过系列化学反应调整吸收液 pH，保证吸收液与烟气中 SO_2 在最优 pH 条件下发生反应，实现烟气中 SO_2 的高效率吸收脱除。

氨法工艺所采用的碱性脱硫吸收剂为氨水（NH_3），可通过化工和能源工业产生的废氨经处理后得到。脱硫后得到的副产物可进一步精制得到铵肥，二次重复利用于农业能够冲抵一部分的投资和运行费用，可使得其经济性更好。此外，氨法工艺的硫脱除效率可高达 98%。氨法脱硫工艺是一种无二次废弃物产生的高效脱硫工艺，可最大化实现 SO_2 回收价值。该工艺的缺点为所需硫酸铵蒸发设备复杂、流程长、投资大、产品销售受限及烟囱排气"拖尾"严重。氨法脱硫当前应用范围较小，适用于大机组脱硫设备。

6.3.2 石灰石-石膏法

当前应用最广泛的湿法脱硫技术，脱硫效果好，运行稳定性高，更适用于大型锅炉系统脱硫。该工艺市场占有率超 70% 的主要原因在于吸附剂来源广泛，石灰石储量丰富且廉价易得，脱硫后副产品石膏可大量用于商业监测原材料，副产品二次处理难度低、对环境污染度低。此外，石灰石吸附脱硫效率可通过改变吸附剂形貌、吸附剂添加量等常规措施优化工艺实现。

石灰石-石膏法脱硫工艺主要是在吸收塔内完成吸附反应过程，具体工艺流程见图 6-6。

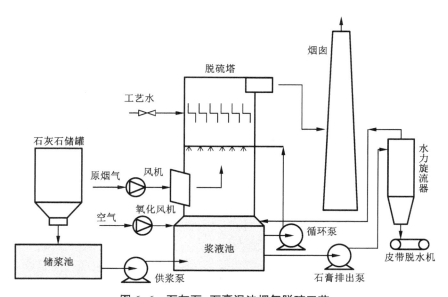

图 6-6 石灰石-石膏湿法烟气脱硫工艺

一定浓度的石灰石浆液经浆液循环泵输送至喷淋层后经喷嘴雾化与塔下方上升的含硫烟气充分喷淋接触反应，烟气经除雾脱水后排空，浆液吸收的二氧化硫反应生成亚硫酸根落入浆液池中，在氧化风机作用下迅速氧化成硫酸根，硫酸根与钙离子结合生成石膏（$CaSO_4 \cdot 2H_2O$）。二氧化硫呈酸性，含石灰浆液吸收二氧化硫后 pH 持续下降，一定程度上可以促进石灰石中碳酸钙的溶解，但同时也会极大降低浆液的脱硫效率，因此，需要根据 Ca/S 物质的量比调整浆液 pH，通过向浆液中添加新的石灰石、塔底排出氧化结晶后的石膏浆液来保持石灰石浆液对二氧化硫的强吸附性。石膏浆液一般含有一定量的悬浮固体，水力旋流器对其过滤脱水并用清水反复冲洗后得到最终的脱硫石膏。石灰石湿法脱硫过程中所涉及的化学反应主要发生在吸收塔中底部浆液区与气液接触区，浆液 pH 为 5~6。

脱硫过程中，吸收塔内根据物质相态不同分为气液接触区、固液接触区、液相区、底部接触区等区域，在不同区域内烟气中 SO_2 与石灰水发生不同的化学反应，形成了多类化合物。

气液接触区—SO_2 吸收溶解：

$$SO_{2(g)} \longrightarrow SO_{2(aq)} \tag{6-15}$$

$$SO_{2(aq)} + H_2O \longrightarrow H^+ + HSO_3^- \tag{6-16}$$

$$HSO_3^- \longrightarrow H^+ + SO_3^{2-} \tag{6-17}$$

固液接触区—石灰石溶解：

$$CaCO_3 \longrightarrow Ca^{2+} + CO_3^{2-} \tag{6-18}$$

$$CO_3^{2-} + H^+ \longrightarrow HCO_3^- \tag{6-19}$$

液相区—中和反应：

$$HCO_3^- + H^+ \longrightarrow H_2O + CO_{2(aq)} \tag{6-20}$$

$$CO_{2(aq)} \longrightarrow CO_{2(g)} \tag{6-21}$$

液相区—强制氧化：

$$2HSO_3^- + O_2 \longrightarrow 2H^+ + 2SO_4^{2-} \tag{6-22}$$

$$SO_4^{2-} + H^+ \longrightarrow HSO_4^- \tag{6-23}$$

底部浆液区—结晶：

$$SO_4^{2-} + Ca^{2+} + 2H_2O \longrightarrow CaSO_4 \cdot 2H_2O \tag{6-24}$$

石灰石-石膏湿法脱硫工艺具有原材料来源广泛、原料生产成本低、效率高（脱硫率超 90%）、运行稳定性高等特点，因此是我国烟气脱硫的主要工艺之一，但其也存在明显的弊端：运行系统复杂、设备占地面积大、前期投资大。

及时补充石灰石浆液可以有效控制浆液 pH 以实现高效脱硫，但是这会增加石灰石的消耗量，因此需要选择合适的添加剂以避免浆液 pH 下降过快。相关文献研究发现，添加有机酸可以有效缓冲浆液 pH 波动。金属离子可通过提高碳酸钙的溶解来缓冲 SO_2 溶于水引起的 pH 下降。添加有机酸的浆液 pH 变化较小是因为有机酸溶于浆液之后为浆液提供了缓冲离子对，反应过程如式（6-25）~式（6-30）：

$$SO_{2(g)} \longrightarrow SO_{2(l)} \tag{6-25}$$

$$SO_{2(l)} + H_2O \longrightarrow H_2SO_3 \tag{6-26}$$

$$H_2SO_3 \longrightarrow H^+ + HSO_3^- \tag{6-27}$$

$$H^+ + A^{n-} \longrightarrow HA^{1-n} \tag{6-28}$$

$$H^+ + HA^{1-n} \longrightarrow H_2A^{2-n} \tag{6-29}$$

$$\cdots\cdots$$

$$H^+ + H^{n-1}A^- \longrightarrow H_nA \tag{6-30}$$

安徽工业大学李计划对多类有机酸在石灰浆液中的 pH 的影响进行了研究，结果如图 6-7 所示。

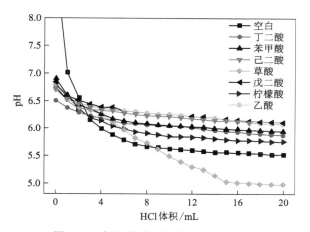

图 6-7 有机酸对石灰浆液 pH 的影响

研究发现，浆液中有机酸通过增强其传质能力来提升碳酸钙的溶解度（图 6-8），主要过程如下：

$$SO_2 + H_2O \longrightarrow HSO_3^- + H^+ \tag{6-31}$$

$$AH^- + H^+ \longrightarrow H_2A \tag{6-32}$$

$$H_2A \longrightarrow AH^- + H^+ \tag{6-33}$$

$$H^+ + HCO_3^- \longrightarrow CO_2 + H_2O_{(1)} \tag{6-34}$$

$$AH^- \longrightarrow H^+ + A^{2-} \tag{6-35}$$

$$H^+ + CO_3^{2-} \longrightarrow HCO_3^- \tag{6-36}$$

$$CaCO_3 \longrightarrow Ca^{2+} + CO_3^{2-} \tag{6-37}$$

镁增强型石灰（Magnesium Enhanced Lime，MEL）工艺是石灰工艺的一种变体，它使用一种特殊类型的石灰，镁增强型石灰（5%~8% MgO）或白云质石灰（~20% MgO）。根据镁盐比钙吸附剂更大的溶解度，第一种情况下吸收液碱性明显更强。因此，以 MEL 为基础的工艺可以在比石灰石洗涤器小得多的洗涤器中获得高的 SO_2 去除效率。庄佳乐对氧化镁湿法脱硫进行了脱硫塔模拟与优化，对脱硫装置进行了基于流场模拟的优化和改进，实现 SO_2 的超净排放。

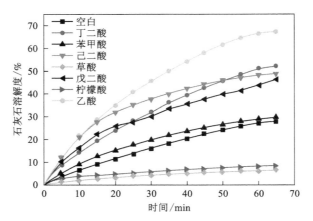

图 6-8　单一有机酸对碳酸钙溶解度的影响

6.3.3　钠碱法

以碳酸钠或氢氧化钠溶液为吸收剂进行烟气脱硫，常见为 NaOH 溶液脱硫。技术成熟、运行稳定、运行费用低。但脱硫过程中碱液易与烟气中的 CO_2 反应，导致钠碱消耗量大，长期运行成本高。钠碱法当前已较少在国内应用。

Wellmanlord 法是典型的循环式钠碱法脱硫工艺，分为吸收过程和加热过程，主要反应方程式为式(6-38)~式(6-42)。

吸收过程：

$$2NaOH + SO_2 \longrightarrow Na_2SO_3 + H_2O \tag{6-38}$$

$$Na_2SO_3 + SO_2 + H_2O \longrightarrow 2NaHSO_3 \tag{6-39}$$

$$Na_2SO_3 + SO_2 \longrightarrow Na_2S_2O_5 \tag{6-40}$$

加热过程：

$$2NaHSO_3 \longrightarrow Na_2SO_3 + SO_2 + H_2O \tag{6-41}$$

$$Na_2S_2O_5 \longrightarrow Na_2SO_3 + SO_2 \tag{6-42}$$

不循环钠碱脱硫工艺也称为亚硫酸盐脱硫工艺，其主要产品为亚硫酸钠产品。图 6-9 为不循环钠碱脱硫工艺流程图。

风机将含硫烟气送入吸收塔下部，与上方喷淋下的吸收剂（NaOH 液，30%）逆流接触反应，生成亚硫酸钠落入脱硫塔底部溶液池中，脱硫后烟气经湿式除尘后排空。

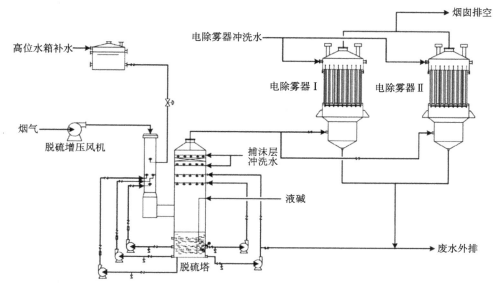

图 6-9　钠碱法脱硫工艺流程图

6.3.4　干法/半干法

在干法/半干法烟气脱硫系统中，含二氧化硫的烟气与碱性吸附剂发生反应，通常为 $Ca(OH)_2$ 或 CaO。因此，产生了干废物，这通常比湿法烟气脱硫过程产生的废物更容易处理。干法/半干法脱硫工艺主要包括喷雾干燥脱硫（SDA）、活性炭脱硫、NID 半干法脱硫、循环悬浮式半干脱硫等工艺。

（1）喷雾干燥脱硫

喷雾干燥吸收是世界上第二大最受欢迎的脱硫系统（占比约 11%），在烟气脱硫系统中（图 6-10），SO_2 与 CaO 或 $Ca(OH)_2$ 吸附剂反应，后者与过量的水混合或被溶解产生石灰浆。石灰浆液在喷雾干燥吸收器中雾化成一团细小的液滴，在喷雾干燥吸收器中二氧化硫也从烟气中除去。鉴于水被烟道气的热量蒸发，在这个过程中不需要废水处理。主要化学反应如下：

$$Ca(OH)_2 + SO_2 \longrightarrow CaSO_3 + H_2O \tag{6-43}$$

$$Ca(OH)_2 + SO_3 \longrightarrow CaSO_4 + H_2O \tag{6-44}$$

烟道气中的二氧化硫被吸收到液体中，并如上述石灰浆过程所示发生反应。除了这些一级反应外，还会发生以下二级反应：

$$CaSO_3 + 1/2O_2 \longrightarrow CaSO_4 \tag{6-45}$$

由此产生的副产物，即 $CaSO_3 \cdot 1/2H_2O$、$CaSO_4 \cdot 2H_2O$、未反应的石灰和粉

煤灰的干混合物,通过烟道气体被带到下游的颗粒物收集装置静电除尘器或织物过滤器中。残渣随后被回收,并与新鲜的 CaO 浆混合以提高 CaO 的利用率。干式喷雾技术的成本和能耗相对较低,比湿式石灰石工艺低 30%~50%。然而,由于吸附剂成本较高,操作成本也较高。喷雾干燥法脱硫系统可达到脱硫效率85%~95%。

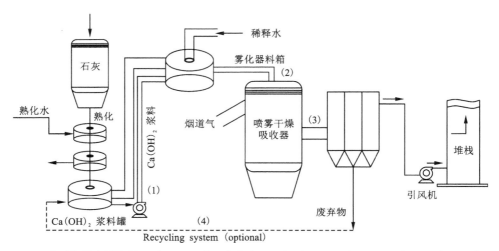

(1)—向雾化器进料槽进料石灰;(2)—将石灰浆喷入洗涤器与 SO_2 反应;(3)—脱硫副产物被夹带在烟气中,并被带到下游的颗粒物收集装置;(4)—残渣与新鲜 CaO 浆混合以提高 CaO 利用率。

图 6-10 喷雾干石灰烟气脱硫系统

(2)活性炭脱硫工艺

活性炭脱硫工艺的原理是利用物理和化学吸附,从而达到吸附去除 SO_2 的目的。SO_2、H_2O 和 O_2 先是吸附在活性炭表面,再通过孔隙中的活性位点反应生成硫酸和硫酸盐。该工艺技术的主要优点是水耗少、脱硫效率高、强度大、投资运行费用低等。

利用表面微孔的催化作用,活性炭可促进 SO_2 与 O_2 反应以实现脱硫效果。

首先 SO_2 气体向活性炭微孔移动并吸附在微孔上。

在微孔催化作用下发生化学氧化反应,为化学吸附作用。

$$SO_2 + O \longrightarrow SO_3 \tag{6-46}$$

$$SO_3 + nH_2O \longrightarrow H_2SO_4 + (n-1)H_2O \tag{6-47}$$

产生的硫酸与烟气中含有的 NH_3 反应转化为硫酸盐。

$$H_2SO_4 + NH_3 \longrightarrow NH_4HSO_4 \tag{6-48}$$

$$NH_4HSO_4 + NH_3 \longrightarrow (NH_4)_2SO_4 \tag{6-49}$$

活性炭脱硫工艺根据烟气和活性炭相对运动方向可分为两种类型：逆流式工艺和错流式工艺。逆流式工艺中活性炭运动方向为自上而下，烟气运动方向为自下而上，二者相对运动，工艺流程见图 6-11。错流式工艺中活性炭和烟气在气室内分别做垂直运动和水平运动，二者在运动方向上垂直接触。

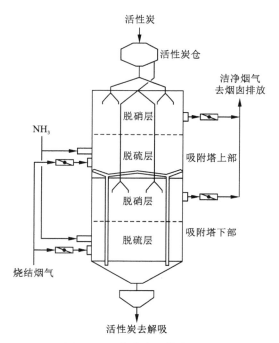

图 6-11　逆流式工艺流程图

（3）循环悬浮式半干脱硫工艺

循环悬浮式半干脱硫工艺是一种干式洗涤器，将 CaO、Ca(OH)$_2$ 或 CaCO$_3$ 直接注入循环硫化反应器以去除 SO$_2$。在循环硫化反应器中，空气被吹进炉底，形成惰性物质的床层。床层使吸附剂与烟气之间有很长的接触时间，因为吸附剂经过床层几次，夹带反应产物由烟气携带到颗粒控制装置，循环床系统增加了潜在的反应时间和气体混合水平，因此通常导致更有效地燃烧和固定元素硫，SO$_2$ 的保留率达到 98%。工艺流程见图 6-12。

循环悬浮式半干法脱硫工艺特点如下。

①浆液雾化方式。该工艺采用低压力的双体喷嘴向脱硫塔内喷射脱硫剂石灰浆，是在悬浮物料的湿表面上吸收二氧化硫，并且有较好的传热、传质效果。循环物料直接从底部进入反应器，避免了喷嘴的磨损腐蚀问题或物料循环量的技术限制。

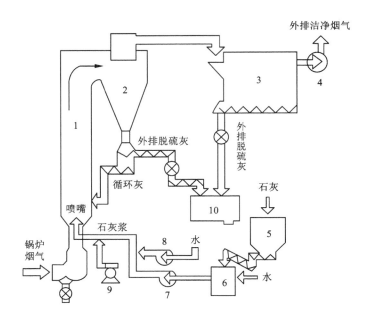

1—反应器；2—旋风分离器；3—除尘器；4—引风机；5—石灰仓；
6—石灰消化器；7—石灰浆泵；8—水泵；9—压缩机；10—脱硫灰仓。

图 6-12　循环悬浮式半干法脱硫工艺流程图

　　②物料再循环。在循环悬浮式半干法工艺中，物料再循环是由旋风分离器下的物料分配箱来实现的，物料分配箱直接把物料引入反应器底部。

　　③高吸收效率。循环悬浮式半干法反应器能够承受塔内高浓度的再循环物料，物料浓度能达到 $458 \sim 1830 \; g/(N \cdot m^3)$。这些悬浮颗粒为石灰浆液（附着在颗粒表面）和烟气提供了较大的接触面积，使循环悬浮式半干法工艺可以达到接近湿法脱硫的性能水平。

　　④低石灰耗量。由于反应塔内高的循环倍率和精确工艺控制使得循环悬浮式半干法反应器有较高的石灰利用率。

　　⑤运行费用低。循环悬浮式半干法系统内部没有运转部件，能保证设备相对连续，无须维护地运行。喷嘴孔径比传统半干法的要大，很少堵塞，喷嘴磨损也较低。

　　⑥内部无结垢。由于反应器内是颗粒流化床，因此反应器内壁面受到悬浮颗粒的连续冲刷，避免了结垢。同时在设备任何部分没有湿/干交界面，避免了严重的腐蚀问题。

⑦占地面积少。由于反应器内具有较高的悬浮浓度，因此反应时间相对较短。循环悬浮式半干法反应器的直径相对减小。

⑧能够脱除重金属。丹麦垃圾焚烧电厂的试验结果表明，循环悬浮式半干法工艺不仅能够脱除烟气中的酸性气体，还能脱去重金属，如汞、镉、铅等。

烟气脱硫工艺优缺点对比见表 6-8。

表 6-8 烟气脱硫工艺优缺点对比

工艺	优点	缺点
湿法	反应速率快，低温条件下脱硫，效率高	设备腐蚀严重，投资与运行成本高，二次污染重
干法	脱硫后烟气温度高，无二次污染，对设备腐蚀弱	反应慢，脱硫率低，脱硫剂利用率低，设备腐蚀严重
半干法	克服了干法和湿法的一些缺点，投资和运行费用较湿法低	脱硫率低于湿法工艺

6.4 烟气处理案例

栾景丽等以云南某电解铝厂为研究对象，按烟气平均 SO_2 含量 350 mg/$(N \cdot m^3)$、$7.5 \times 10^5 \ N \cdot m^3/h$ 烟气量为计算依据，估算了不同烟气脱硫工艺的投资额度、运行特点，比选了各工艺优劣，具体必选过程见表 6-9。

表 6-9 烟气中 SO_2 治理方案比较

脱硫工艺	投资估算/万元	运行费用	副产品	脱硫效率/%
氨法	3376	高	产品可外售	98~99
湿式钙法	2780	低	石膏渣难处理	80~90
钠碱法	1650	高	回收亚硫酸钠	95~98
双碱法	2650	低	石膏质量较好	90~95
活性炭吸附法	2816	高	回收硫酸	90~95
催化氧化制酸法	962	低	回收稀硫酸	80~95
金属氧化物吸收法	950	低	回收硫酸盐	80~95

在不考虑建设回收装置的前提下，选择金属氧化物吸收法是合理经济的烟气脱硫工艺。若铝电解厂周围有电解锌、硫酸锰生产企业，采用氧化锰、氧化锌制备矿浆吸收烟气中的 SO_2，吸硫后溶液可直接用于制备电解锌、硫酸锰，可实现 SO_2、金属氧化物的资源化利用。

2001 年，昆明有色冶金设计院在云铜锌业年处理量 $5×10^4$ t 电解锌工程渣处理车间配套的尾气吸收工段的设计中，工业化应用了氧化锌法吸收低浓度 SO_2 烟气技术，设计二氧化硫总吸收效率>96%，氧化锌利用率 70%，处理成本（以烟气含 SO_2 0.5%计算）低于 300 元/t SO_2。投产后项目运行情况良好，并在禄丰云铜锌业渣处理车间尾气吸收工段进行了推广应用，烟气脱硫效果好，企业获得了较好的经济及环保效益。

何艳明等将低浓度含硫烟气治理与含氟烟气制备冰晶石工艺相结合，通过钠钙碱双碱法脱硫并利用烟气中的氟与氧化铝粉尘制备冰晶石。具体过程为碱液循环吸收烟气中的 SO_2、F、Al_2O_3 生成氟铝酸钠和亚硫酸钠，氟铝酸钠沉淀即为冰晶石，氧化钙与亚硫酸钠溶液反应使得碱液再生。主要化学方程式如下：

$$2NaOH+SO_2 =\!\!=\!\!= Na_2SO_3+H_2O \tag{6-50}$$

$$2NaOH+CO_2 =\!\!=\!\!= Na_2CO_3+H_2O \tag{6-51}$$

$$2NaOH+Al_2O_3 =\!\!=\!\!= 2NaAlO_2+H_2O \tag{6-52}$$

$$NaAlO_2+6HF+Na_2CO_3 =\!\!=\!\!= Na_3AlF_6\downarrow +CO_2\uparrow + 3H_2O \tag{6-53}$$

$$Na_2CO_3+CaO+H_2O =\!\!=\!\!= CaSO_3\downarrow + 2NaOH \tag{6-54}$$

以此研究成果，何艳明等申请了国家发明专利"电解铝 SO_2、CO_2 及含氟烟气循环利用生产冰晶石的方法"（ZL201010560472.4）。

脱硫吸收塔主要分为烟气系统、脱硫剂制备系统、脱硫吸收系统、副产物处理系统、浆液排放与回收系统、工艺水系统。电解烟气经烟气系统进入脱硫系统经脱硫达标后通过顶部烟囱排空。脱硫剂制备系统主要分为石灰石料仓、浆液制备箱、输送系统等部分。石灰粉通过浆液制备箱进行熟化并制成浆液，脱硫剂泵送至脱硫塔。烟气在脱硫吸收系统入口处经喷淋装置降温处理，再与循环喷淋系统喷出的雾化脱硫剂充分接触混合以实现脱硫处理，脱硫后的烟气通过循环喷淋层上方的除雾装置分离液滴与粉尘后排入大气。表 6-10 为沈阳环境科学研究院所述的电解烟气净化脱硫系统主要技术工艺参数。

内蒙古大唐国际再生资源开发有限公司 330 kA 铝电解烟气净化系统采用干法净化技术。该工艺具有流程短、设备少、除尘率高、能耗低等优势。表 6-11 为实时监控指标。

表 6-10　烟气脱硫主要指标

电解槽						排放技术参数		
运行时间	工作时间	烟气流量	烟气温度	SO₂初始浓度	烟气含湿量	脱硫效率	SO₂排放浓度	出口氟化物浓度
24 h 连续运行	8760 h/a	1018000 N·m³/h	120~140 ℃	~200 mg/(N·m³)	1%~2%	≥87.5%	≤25 mg/(N·m³)	≤0.5 mg/(N·m³)
运行负荷	8760 h/a	1018000 N·m³/h	粉尘含量	~200 mg/(N·m³)	烟气含氧量	漏风率	出口粉尘浓度	脱硫产物
满负荷	8760 h/a	1018000 N·m³/h	5 mg/(N·m³)	~200 mg/(N·m³)	20.8%	≤2%	≤5 mg/(N·m³)	石膏

表 6-11　大唐国际烟气处理实时监控指标

系统	排放途径	污染物	治理措施	净化效率/%	排放量/(kg·h⁻¹)	排放浓度/(mg·m⁻³)
东部烟气处理系统	天窗	粉尘			3.03	0.7
		氟化氢			1.57	0.36 μg/m³
	烟囱	粉尘	布袋收尘	99.9	5.77	5.27
		氟化氢	干法吸收	99.0	1.44	1.69
西部烟气处理系统	天窗	粉尘			2.86	0.90
		氟化氢			1.77	0.43 μg/m³
	烟囱	粉尘	布袋收尘	99.9	4.23	2.57
		氟化氢	干法吸收	99.0	1.27	0.97

　　辽宁北环净化技术有限公司在贵州桐梓伟明铝业（240 kA 系列 164 台预焙槽年产 10×10⁴ t）电解铝生产线成功研制并实施了新型电解铝生产烟气净化系统，即电解槽小区域单台电解槽净化系统。该系统适用于所有预焙阳极铝电解槽，无论是新建厂还是改造的大小槽型，小区域单台电解槽净化系统都具有投资省、运行成本低、管理方便等优点。

参考文献

[1] 李茂, 高玉婷, 白晓, 等. 300 kA 铝电解槽中氧化铝颗粒的溶解模拟[J]. 中国有色金属学报, 2017, 27(8): 1738-1747.

[2] 杨酉坚. 氧化铝在冰晶石体系中溶解行为的研究[D]. 沈阳: 东北大学, 2011.

[3] 李春焕, 曹阿林. 复杂铝电解质体系中锂盐和钾盐对氧化铝浓度的影响[J]. 有色金属(冶炼部分), 2020(6): 37-42.

[4] 王壮, 何飞, 李刚, 等. 过热度对氧化铝溶解行为的影响[J]. 材料与冶金学报, 2020, 19(4): 240-246.

[5] ZHAN S Q, WANG M M, WANG J F, et al. Improved CFD modeling of full dissolution of alumina particles in aluminum electrolysis cells considering agglomerate formation [J]. Transactions of Nonferrous Metals Society of China, 2021, 31(11): 3579-3590.

[6] 杨酉坚, 李有才, 王兆文, 等. 铝电解中氧化铝溶解过程及结壳行为[J]. 东北大学学报(自然科学版), 2021, 42(1): 55-61.

[7] 李洪桂. 冶金原理[M]. 北京: 科学出版社, 2005: 307-309.

[8] 李茂, 白晓, 李远, 等. 氧化铝颗粒的溶解控制机制及其临界特征[J]. 中国有色金属学报, 2016, 26(2): 455-464.

[9] 方钊, 赖延清. 铝电解用阴极材料抗渗透行为[M]. 长沙: 中南大学出版社, 2016: 19.

[10] 刘宏博, 郝雅琼, 吴昊, 等. 铝冶炼行业危险废物产生和利用处置现状与管理对策建议[J]. 环境工程技术学报, 2021, 11(6): 1273-1280.

[11] 付翠霞. 残极在预焙阳极生产中重要性的分析[J]. 轻金属, 2020(12): 30-33.

[12] 周晓. 电解返回残极瘦小和偏低原因分析及改善措施[J]. 轻金属, 2018(8): 37-41.

[13] GIRAULT G, FAURE M, BERTOLO J M, et al. Investigation of Solutions to Reduce Fluoride Emissions from Anode Butts and Crust Cover Material [M]//Light Metals 2011. Cham: Springer, 2011: 351-356.

[14] 徐浩, 傅成诚, 徐瑞. 电解铝企业阳极残渣、阳极残极浸出毒性鉴别及管理建议[J]. 中国环境监测, 2015, 31(4): 22-25.

[15] 闫太网. 高残极配比在炭素阳极生产中的应用[J]. 中国有色冶金, 2011, 40(1):

34-36.

[16] 覃海棠, 黄智新. 一种电解铝用多孔阳极炭块生产方法: CN113336550A[P]. 2021-09-03.

[17] 严欣, 洪亚锋. 残极在电极糊生产中的应用及其对电极糊性能的影响探讨[J]. 炭素技术, 2010, 29(4): 13-16.

[18] 刘靖. 铝电解槽阳极炭块顶面结构的对比研究[J]. 世界有色金属, 2019(2): 259-260.

[19] 张旭贵. 阳极炭块结构优化降低毛耗的生产实践[J]. 轻金属, 2021(3): 40-44.

[20] 邹建明. 一种预焙铝电解槽无残极产生的阳极炭块结构: CN105543894B[P]. 2018-07-10.

[21] 王博一. 铝电解预焙阳极防氧化涂层保护技术的应用研究[J]. 轻金属, 2020(10): 21-28.

[22] 李玲, 尹绍奎, 高天娇, 等. 铝电解炭素阳极用防氧化耐腐蚀涂料的研制[C]//中国机械工程学会, 铸造行业生产力促进中心. 第十三届全国铸造年会暨2016中国铸造活动周论文集[出版者不详], 2016: 308-312.

[23] 李贺松, 孙盛林, 朱晓伟. 铝电解中阳极涂层与磷生铁改性剂的综合优化实验[J]. 资源信息与工程, 2021, 36(2): 127-130, 135.

[24] CHAPMAN V, WELCH B J, SKYLLAS-KAZACOS M. Anodic behaviour of oxidised Ni-Fe alloys in cryolite-alumina melts[J]. Electrochimica Acta, 2011, 56(3): 1227-1238.

[25] HUANG Y P, YANG Y J, ZHU L M, et al. Electrochemical behavior of Fe-Ni alloys as an inert anode for aluminum electrolysis[J]. International Journal of Electrochemical Science, 2019, 14(7): 6325-6336.

[26] LIU Y, ZHANG Y, WANG W, et al. The effect of La on the oxidation and corrosion resistance of $Cu_{52}Ni_{30}Fe_{18}$ alloy inert anode for aluminum electrolysis[J]. Arabian Journal for Science and Engineering, 2018, 43(11): 6285-6295.

[27] CONSTANTIN V. Influence of the operating parameters over the current efficiency and corrosion rate in the Hall-Heroult aluminum cell with tin oxide anode substrate material[J]. Chinese Journal of Chemical Engineering, 2015, 23(4): 722-726.

[28] 马俊飞. 金属网状结构 $NiFe_2O_4$ 基惰性阳极的制备及性能研究[D]. 沈阳: 东北大学, 2019.

[29] WANG B, DU J J, LIU Y H, et al. Effect of TiO_2 addition on grain growth, anodic bubble evolution and anodic overvoltage of $NiFe_2O_4$-based composite inert anodes[J]. Journal of Materials Engineering and Performance, 2017, 26(11): 5610-5619.

[30] 张啸, 张志刚, 夏鹏程, 等. 阳极电流密度对 $NiFe_2O_4$ 基惰性阳极 电解腐蚀行为的影响[J]. 材料与冶金学报, 2019, 18(2): 114-120.

[31] TIAN Z L, GUO W C, LAI Y Q, et al. Effect of sintering atmosphere on corrosion resistance of Ni/($NiFe_2O_4$-10NiO) cermet inert anode for aluminum electrolysis[J]. Transactions of Nonferrous Metals Society of China, 2016, 26(11): 2925-2929.

[32] 高首坤. 纳米 $TiN/NiFe_2O_4$ 陶瓷基惰性阳极的制备[D]. 西安：西安建筑科技大学，2018.

[33] 周科朝，何勇，李志友，等. 铝电解惰性阳极材料技术研究进展[J]. 中国有色金属学报，2021，31(11)：3010-3023.

[34] 康泽双，李帅，练以诚，等. 采用低温循环焙烧工艺从碳渣中回收电解质试验[J]. 中国有色冶金，2022，51(2)：19-23.

[35] 梁诚，赵润民，彭建平，等. 利用 Na_2CO_3 处理铝电解槽炭渣的研究[J]. 工程科学学报，2021，43(8)：1055-1063.

[36] 刘宣伟，李登辉. 电解槽内炭渣对铝电解生产过程的影响[J]. 冶金管理，2021(3)：24-25.

[37] 李斌. 机械活化辅助浮选法处理铝电解炭渣的研究[D]. 贵阳：贵州师范大学，2022.

[38] 周军，姚桢，刘卫，等. 浮选工艺条件对铝电解炭渣中炭质材料分离效果的影响[J]. 炭素技术，2019，38(5)：58-61.

[39] 马利凤，李仕亮，张海亮. 回收利用某电解铝炭渣的浮选工艺[J]. 现代矿业，2019，35(11)：33-34，43.

[40] 刘君鹏，陈湘清. 炭渣提铝及其对炭渣处理的影响[J]. 有色冶金设计与研究，2022，43(1)：9-12.

[41] 廖辉，李龙江，卯松. 阳极炭渣中炭组分浮选回收试验研究[J]. 化工矿物与加工，2022，51(4)：56-60.

[42] 柴登鹏，候光辉，黄海波. 真空冶金法处理铝电解碳渣试验研究[J]. 轻金属，2016(4)：25-27.

[43] 陈喜平，赵淋，罗钟生. 回收铝电解炭渣中电解质的研究[J]. 轻金属，2009(12)：21-25，37.

[44] 周峻宇，伍成波，张江斌，等. 电解铝炭渣的特性及流化床回收研究[J]. 有色金属(冶炼部分)，2014(12)：16-18，40.

[45] 刘帅霞，高彪峰，曾梓涵. CO_2 活化铝电解槽炭渣及其吸附性能探究[J]. 广州化工，2021，49(7)：75-77，106.

[46] 王艺茹. 铝电解炭渣基锂离子电池负极材料制备及电化学性能研究[D]. 兰州：兰州理工大学，2021.

[47] 田忠良，龚培育，辛鑫，等. 铝电解阳极炭渣球磨制备 Si/C 复合材料及其电化学性能研究[J]. 矿冶工程，2021，41(3)：110-113.

[48] 刘民章，李贤. 预焙阳极外观几何形状对炭渣形成的影响[J]. 炭素技术，2012，31(6)：21-23.

[49] 张玉平. 优质无炭渣阳极生产技术的应用[J]. 有色冶金节能，2021，37(5)：21-26.

[50] 许海飞，樊利军，张阳，等. 炭渣来源及其控制方法分析[J]. 炭素技术，2009，28(6)：41-44.

[51] 陈喜平. 铝电解废槽衬火法处理工艺研究与热工分析[D]. 长沙：中南大学，2009.

[52] 莫顿·索列，哈拉德 A.欧耶. 铝电解槽阴极[M]//彭建平，王耀武，狄跃忠，等译. 北

京：化学工业出版社，2015：236-237.

[53] 鲍龙飞. 铝电解槽废旧阴极材料的综合利用研究[D]. 西安：西安建筑科技大学，2014.

[54] 任必军，石忠宁，刘世英，等. 300 kA 铝电解槽阴极破损机理研究[J]. 东北大学学报（自然科学版），2007，28(6)：843-846.

[55] LI W, CHEN X. Chemical stability of fluorides related to spent potling [C]. TMS Light Metals, 2008：855-858.

[56] CASTRO T F D, PAIVA I M, CARVALHO A F S, et al. Genotoxicity of spent pot liner as determined with the zebrafish (Danio rerio) experimental model[J]. Environmental Science and Pollution Research, 2018, 25(12)：11527-11535.

[57] 赵更金，吕凤雷，苗拥军，等. YS/T 456-2014《铝电解槽用干式防渗料》修订介绍[J]. 耐火材料，2014，48(6)：478-480.

[58] RUTLIN J, GRANDE T. Fluoride attack on alumino-silicate refractories in aluminium electrolysis cells[C]//Huglen R. Light Metals. Warrendale, USA：John Wiley & Sons Inc, 1997：295-301.

[59] BRUNK F. Corrosion and Behaviour of Fireclay Bricks of Varying Chemical Composition Used in the Bottom Lining of Reduction Cells[M]//Essential Readings in Light Metals. Cham：Springer, 2016：834-839.

[60] LAMBOTTE G, CHARTRAND P. Thermodynamic modeling of the (Al_2O_3+Na_2O), (Al_2O_3+Na_2O+SiO_2), and (Al_2O_3+Na_2O+AlF3+NaF) systems[J]. The Journal of Chemical Thermodynamics, 2013, 57：306-334.

[61] 王耀武，彭建平，狄跃忠，等. 铝电解槽干式防渗料在电解过程中的反应机理探讨[J]. 化工学报，2019，70(3)：1035-1041.

[62] 张立达，王耀武，刘佳智，等. 铝电解过程中干式防渗料中的铝热还原反应[J]. 轻金属，2021(5)：30-35.

[63] 包生重，柴登鹏，李晓星，等. 含钾盐电解质对干式防渗料渗透的试验研究[J]. 轻金属，2017(6)：28-34.

[64] 王平，陈谦，赵应彬，等. 干式防渗料在 300 kA 电解槽上的二次利用[J]. 轻金属，2013(10)：28-31.

[65] 白卫国，汪艳芳，李昌林. 新型铝电解用干式防渗料的研发和应用[J]. 轻金属，2019(3)：29-32.

[66] AGRAWAL A, SAHU K K, PANDEY B D. Solid waste management in non-ferrous industries in India[J]. Resources, Conservation and Recycling, 2004, 42(2)：99-120.

[67] GHAZIZADE M J, SAFARI E. Land filling of produced spent pot liner in aluminium industries：proposed method in developing countries[C]. 1st International Conference on Final Sinks. 2010.

[68] KIDD I L, RODDA D P, WELLWOOD G A. Treatment of solid material containing fluoride and sodium including mixing with caustic liquor and lime：US5776426[P]. 1998-07-07.

[69] 赵俊学,张博,鲍龙飞,等. 铝电解槽废旧阴极氟化物的浸出研究[J]. 有色金属(冶炼部分),2015(3):30-32.

[70] CENČIČ M, KOBAL I, GOLOB J. Thermal hydrolysis of cyanides in spent pot lining of aluminium electrolysis[J]. Chemical Engineering & Technology, 1998, 21(6):523-532.

[71] XIAO J, YUAN J, TIAN Z L, et al. Comparison of ultrasound-assisted and traditional caustic leaching of spent cathode carbon (SCC) from aluminum electrolysis[J]. Ultrasonics Sonochemistry, 2018, 40:21-29.

[72] SATERLAY A J, HONG Qi, COMPTON R G, et al. Ultrasonically enhanced leaching: removal and destruction of cyanide and other ions from used carbon cathodes[J]. Ultrasonics Sonochemistry, 2000, 7(1):1-6.

[73] PULVIRENTI A L, MASTROPIETRO C W, BARKATT A, et al. Chemical treatment of spent carbon liners used in the electrolytic production of aluminum[J]. Journal of Hazardous Materials, 1996, 46(1):13-21.

[74] 王一飞,陈喜平. 铝电解废阴极炭块的资源化利用探讨[J]. 轻金属,2020(5):31-35.

[75] 陈喜平. 电解铝废槽衬处理技术的最新研究[J]. 轻金属,2011(12):21-24,29.

[76] 朱云,施哲,李艳,等. 一种铝电解槽废炭料中挥发脱氟的方法:CN105112938B[P]. 2017-11-10.

[77] 李楠. 浮选法综合回收利用低碳品位废旧阴极工艺研究[D]. 昆明:昆明理工大学,2015.

[78] FAN C, CHANG Y, ZHAI X, et al. Separation for recycling of spent potlining by froth flotation[C]. TMS Light Metals, 2009:957-960.

[79] 任昊晔. 铝电解废旧阴极中碳和电解质的分离及回收利用[D]. 兰州:兰州交通大学,2018.

[80] 鲍龙飞. 铝电解槽废旧阴极材料的综合利用研究[D]. 西安:西安建筑科技大学,2014.

[81] SHI Z N, LI W, HU X W, et al. Recovery of carbon and cryolite from spent pot lining of aluminium reduction cells by chemical leaching[J]. Transactions of Nonferrous Metals Society of China, 2012, 22(1):222-227.

[82] 李伟. 碱酸法处理铝电解废旧阴极的研究[D]. 沈阳:东北大学,2009.

[83] 刘志东. 铝电解槽废旧阴极综合利用研究[D]. 昆明:昆明理工大学,2012.

[84] BIRRY L, LECLERC S, POIRIER S. The LCL&L process[J]. Aluminium International Today the Journal of Aluminium Production & Processing, 2016, 29:25-27.

[85] BIRRY L, LECLERC S, POIRIER S. The LCL&L Process: A Sustainable Solution for the Treatment and Recycling of Spent Potlining[M]//Light Metals 2016. Cham: Springer, 2016:467-471.

[86] PARHI S S. Gainful utilization of spent pot lining — A Hazardous Waste from aluminum industry[D]. Rourkela, Odisha, India: National Institute of Technology 2014.

[87] LISBONA D F, STEEL K M. Recovery of fluoride values from spent pot-lining: precipitation

of an aluminium hydroxyfluoride hydrate product[J]. Separation and Purification Technology, 2008, 61(2): 182-192.

[88] LISBONA D F, SOMERFIELD C, STEEL K M. Leaching of spent pot - lining with aluminium nitrate and nitric acid: effect of reaction conditions and thermodynamic modelling of solution speciation[J]. Hydrometallurgy, 2013, 134/135: 132-143.

[89] LISBONA D F, SOMERFIELD C, STEEL K M. Leaching of spent pot-lining with aluminum anodizing wastewaters: fluoride extraction and thermodynamic modeling of aqueous speciation [J]. Industrial & Engineering Chemistry Research, 2012, 51(25): 8366-8377.

[90] LI X M, YIN W D, FANG Z, et al. Recovery of carbon and valuable components from spent pot lining by leaching with acidic aluminum anodizing wastewaters [J]. Metallurgical and Materials Transactions B, 2019, 50(2): 914-923.

[91] NIE Y F, GUO X Y, GUO Z H, et al. Defluorination of spent pot lining from aluminum electrolysis using acidic iron-containing solution[J]. Hydrometallurgy, 2020, 194: 105319.

[92] NEMCHINOVA N V, TYUTRIN A A, SOMOV V V. Study of influence of parameters of leaching fluorine from spent pot lining[J]. Materials Science Forum, 2019, 946: 552-557.

[93] SATERLAY A J, HONG Qi, COMPTON R G, et al. Ultrasonically enhanced leaching: removal and destruction of cyanide and other ions from used carbon cathodes[J]. Ultrasonics Sonochemistry, 2000, 7(1): 1-6.

[94] 陈顺智. 电解铝生产中废旧阴极炭块的火法处理研究[D]. 昆明: 昆明理工大学, 2017.

[95] YAO Z, ZHONG Q F, XIAO J, et al. An environmental-friendly process for dissociating toxic substances and recovering valuable components from spent carbon cathode[J]. Journal of Hazardous Materials, 2021, 404: 124120.

[96] LU T T, WANG J Q, LI R B, et al. Numerical investigation on effective thermal conductivity and heat transfer characteristics in a furnace for treating spent cathode carbon blocks[J]. JOM, 2020, 72(5): 1971-1978.

[97] YANG K, ZHAO Z J, XIN X, et al. Graphitic carbon materials extracted from spent carbon cathode of aluminium reduction cell as anodes for lithium ion batteries: converting the hazardous wastes into value-added materials[J]. Journal of the Taiwan Institute of Chemical Engineers, 2019, 104: 201-209.

[98] 张博, 赵俊学, 梁李斯, 等. 铝电解槽废旧阴极在有氧和无氧环境的反应特性研究[J]. 轻金属, 2015(5): 27-30.

[99] XIE M Z, LI R B, ZHAO H L, et al. Detoxification of spent cathode carbon blocks from aluminum smelters by joint controlling temperature-vacuum process[J]. Journal of Cleaner Production, 2020, 249: 119370.

[100] LI N, GAO L, CHATTOPADHYAY K. Migration Behavior of Fluorides in Spent Potlining During Vacuum Distillation Method [C]//Light Metals 2019. Cham: Springer, 2019: 867-872.

[101] WANG Y W, PENG J P, DI Y Z. Separation and recycling of spent carbon cathode blocks in the aluminum industry by the vacuum distillation process [J]. JOM, 2018, 70 (9): 1877-1882.

[102] GAO L, MOSTAGHEL S, RAY S, et al. Using SPL (spent pot-lining) as an alternative fuel in metallurgical furnaces[J]. Metallurgical and Materials Transactions E, 2016, 3(3): 179-188.

[103] MAZUMDER B. Conversion of byproduct carbon obtained from spent pot liner treatment plant of aluminum industries to blast furnace tap hole mass[J]. IOSR Journal of Applied Chemistry, 2013, 3(5): 24-30.

[104] MEIRELLES B, SANTOS H. Economic and Environmental Alternative for Destination of Spent Pot Lining from Primary Aluminum Production[M]//Light Metals 2014. Cham: Springer, 2014: 565-570.

[105] 赵洪亮, 洪爽, 刘伟, 等. 电解铝废槽衬还原提取铜转炉渣中铜钴的试验[J]. 有色金属(冶炼部分), 2019(9): 53-57.

[106] 吴国东, 李磊, 李孔斋, 等. 废阴极炭碳热还原法贫化艾萨铜熔炼渣[J]. 过程工程学报, 2021, 21(10): 1187-1195.

[107] YU D, CHATTOPADHYAY K. Numerical simulation of copper recovery from converter slags by the utilisation of spent potlining (SPL) from aluminium electrolytic cells [J]. Canadian Metallurgical Quarterly, 2016, 55(2): 251-260.

[108] 毛凯旋, 李磊. 铝电解废阴极炭还原贫化转炉铜渣工艺[J]. 有色金属工程, 2020, 10(10): 65-72.

[109] MAO K, LI L. Reduction and Dilution of converter Copper slag with Spent cathode carbon in aluminium electrolysis[J]. Nonferrous metals engineering, 2020, 10(10): 65-72.

[110] FLORES I V, FRAIZ F, LOPES R A J, et al. Evaluation of spent pot lining (SPL) as an alternative carbonaceous material in ironmaking processes[J]. Journal of Materials Research and Technology, 2019, 8(1): 33-40.

[111] GOMES V, DRUMOND P Z, NETO J O P, et al. Co-Processing at Cement Plant of Spent Potlining from the Aluminum Industry[M]//Essential Readings in Light Metals. Cham: Springer, 2016: 1057-1063.

[112] RENÓ M L G, TORRES F M, DA SILVA R J, et al. Exergy analyses in cement production applying waste fuel and mineralizer[J]. Energy Conversion and Management, 2013, 75: 98-104.

[113] GHENAI C, INAYAT A, SHANABLEH A, et al. Combustion and emissions analysis of Spent Pot lining (SPL) as alternative fuel in cement industry[J]. Science of the Total Environment, 2019, 684: 519-526.

[114] 杨会宾, 田金承, 曹继利. 废阴极炭块在水泥生产中的应用研究[J]. 轻金属, 2008 (2): 59-61, 64.

[115] DO PRADO U S MARTINELLI J R BRESSIANI J C. Use of spent pot linings from primary

aluminium production as raw materials for the production of opal glasses[J]. Glass Technology — European Journal of Glass Science and Technology Part A, 2010, 51(5): 205-208.

[116] VON KRÜGER P. Use of Spent Potlining (SPL) in Ferro Silico Manganese Smelting [M]//Light Metals 2011. Cham: Springer, 2011: 275-280.

[117] XIAO J, ZHANG L Y, YUAN J, et al. Co-utilization of spent pot-lining and coal gangue by hydrothermal acid-leaching method to prepare silicon carbide powder[J]. Journal of Cleaner Production, 2018, 204: 848-860.

[118] YANG K, GONG P Y, TIAN Z L, et al. Recycling spent carbon cathode by a roasting method and its application in Li-ion batteries anodes[J]. Journal of Cleaner Production, 2020, 261: 121090.

[119] 李瑜辉. 废阴极炭与赤泥协同热处置的铁回收及氟化物迁移转化行为研究[D]. 广州: 广东工业大学, 2021.

[120] XIE W M, ZHOU F P, LIU J Y, et al. Synergistic reutilization of red mud and spent pot lining for recovering valuable components and stabilizing harmful element[J]. Journal of Cleaner Production, 2020, 243: 118624.

[121] 符岩, 翟秀静, 吕子剑, 等. 微波加热赤泥和铝电解废阴极炭块合成碳化硅的方法: CN102502641A[P]. 2012-06-20.

[122] 谷柳. 浅谈石墨化阴极炭块的发展现状及应用前景[J]. 中国有色金属, 2018(14): 56-57.

[123] 杨国荣. 420 kA预焙铝电解槽节能减排技术研究与工业应用[D]. 昆明: 昆明理工大学, 2018.

[124] 彭如振. 等离子喷涂制备铝电解用TiB$_2$可湿润性阴极涂层的研究[D]. 昆明: 昆明理工大学, 2016.

[125] ANANTHAPADMANABHAN P V, SREEKUMAR K P, RAVINDRAN P V, et al. Electrical resistivity of plasma-sprayed titanium diboride coatings[J]. Journal of Materials Science, 1993, 28(6): 1655-1658.

[126] 宋杨. 新型阴极结构铝电解槽物理场研究[D]. 沈阳: 东北大学, 2019.

[127] 赵爽. 新型阴极结构铝电解槽生产节能实效分析[D]. 沈阳: 东北大学, 2015.

[128] 李菲. 二次铝灰低温碱性熔炼研究[D]. 长沙: 中南大学, 2011.

[129] MESHRAM A, JAIN A, RAO M D, et al. From industrial waste to valuable products: preparation of hydrogen gas and alumina from aluminium dross[J]. Journal of Material Cycles and Waste Management, 2019, 21(4): 984-993.

[130] HOW L F, ISLAM A, JAAFAR M S, et al. Extraction and characterization of γ-alumina from waste aluminium dross[J]. Waste and Biomass Valorization, 2017, 8(2): 321-327.

[131] 洪旭鸿. 超声波强化高效水解二次铝灰的无害处置[J]. 化学工程与装备, 2021(12): 28-30.

[132] 蔡彬, 邓金珠, 檀笑, 等. 再生铝工业铝灰渣特性及其贮存环境风险防控[J]. 无机盐工业, 2021, 53(12): 117-121.

[133] FUKUMOTO S, HOOKABE T, TSUBAKINO H. Hydrolysis behavior of aluminum nitride in various solutions[J]. Journal of Materials Science, 2000, 35(11): 2743-2748.

[134] SVEDBERG L M, ARNDT K C, CIMA M J. Corrosion of aluminum nitride (AlN) in aqueous cleaning solutions[J]. Journal of the American Ceramic Society, 2000, 83(1): 41-46.

[135] 姜澜, 邱明放, 丁友东, 等. 铝灰中 AlN 的水解行为[J]. 中国有色金属学报, 2012, 22(12): 3555-3561.

[136] LI Q, YANG Q, ZHANG G F, et al. Investigations on the hydrolysis behavior of AlN in the leaching process of secondary aluminum dross[J]. Hydrometallurgy, 2018, 182: 121-127.

[137] 贺永东, 李颜凌, 马斌, 等. 湿法工艺对二次铝灰无害化脱氮的影响[J]. 特种铸造及有色合金, 2021, 41(6): 679-683.

[138] 吕帅帅, 倪威, 倪红军, 等. 基于正交实验及非线性回归分析的铝灰渣水解研究[J]. 有色金属工程, 2019, 9(10): 52-56.

[139] 刘吉. 铝灰渣性质及其中的 AlN 在焙烧和水解过程中的行为研究[D]. 沈阳: 东北大学, 2008.

[140] 唐铃虹. 铝灰渣中氮化铝在焙烧与水解过程中转化的研究[D]. 沈阳: 东北大学, 2015.

[141] 李艳鸽, 陈喜平, 马明成. 铝灰脱氮的实验研究[J]. 轻金属, 2021(7): 22-27.

[142] 李勇, 彭莉, 王海斌, 等. 二次铝灰高温焙烧脱氮固氟试验研究[J]. 矿产保护与利用, 2020, 40(6): 133-140.

[143] 李雪倩, 申士富, 王玲, 等. 二次铝灰的焙烧特性和有害元素脱除研究[J]. 有色金属(冶炼部分), 2020(9): 69-74.

[144] WANG J, ZHONG Y, TONG Y, et al. Removal of AlN from secondary aluminum dross by pyrometallurgical treatment[J]. Journal of Central South University, 2021, 28(2): 386-397.

[145] 李松元, 李志扬, 吕帅帅, 等. 钙化焙烧法脱除二次铝灰中氮的试验研究[J]. 有色金属工程, 2021, 11(4): 63-69.

[146] 李帅, 康泽双, 刘万超, 等. 响应面法优化铝灰中氮化铝脱除工艺[J]. 化工环保, 2021, 41(2): 184-189.

[147] 王侠前. 氧化铝炉窑协同处理二次铝灰的研究[J]. 金属材料与冶金工程, 2021, 49(3): 58-63.

[148] 雷炳宏, 刘宏辉, 张笛, 等. 二次铝灰硫酸铵焙烧提铝过程氟的迁移规律[J]. 过程工程学报, 2022, 22(1): 108-117.

[149] 刘守信. 从铝灰中回收铝制备超细氧化铝粉体的过程研究[D]. 南昌: 南昌大学, 2008.

[150] 安克滢, 谢红艳, 牟方会, 等. 二次铝灰制备低铁硫酸铝工艺研究[J]. 广东化工, 2018, 45(8): 24-25, 41.

[151] 李登奇, 秦庆伟, 刘文科, 等. 从再生铝二次铝灰中浸出铝的动力学试验研究[J]. 湿

法冶金, 2020, 39(5): 371-375.

[152] 王世哲. 铝灰资源化及残余物在水泥基材料中应用的可行性研究[D]. 哈尔滨: 哈尔滨工业大学, 2021.

[153] 宋明. 二次铝灰回收氧化铝的工艺研究[D]. 青岛: 青岛科技大学, 2018.

[154] MESHRAM A, JAIN A, RAO M D, et al. From industrial waste to valuable products: preparation of hydrogen gas and alumina from aluminium dross[J]. Journal of Material Cycles and Waste Management, 2019, 21(4): 984-993.

[155] 李玲玲, 宋明, 靳强. 二次铝灰中氧化铝碱溶研究[J]. 无机盐工业, 2019, 51(1): 53-57.

[156] LI X L, OU Y J, LI C L, et al. Preparation of alumina from aluminum ash by sintering with sodium hydroxide[J]. IOP Conference Series: Earth and Environmental Science, 2019, 233: 042027.

[157] 李菲. 二次铝灰低温碱性熔炼研究[D]. 长沙: 中南大学, 2011.

[158] TRIPATHY A K, MAHALIK S, SARANGI C K, et al. A pyro-hydrometallurgical process for the recovery of alumina from waste aluminium dross[J]. Minerals Engineering, 2019, 137: 181-186.

[159] 梅德云, 王维, 王盼盼, 等. 酸碱联合法回收铝灰中氧化铝[J]. 南方金属, 2021(2): 12-15, 47.

[160] 李青达. 工业铝灰资源化制备多孔 Al_2O_3 工艺研究[D]. 杨凌: 西北农林科技大学, 2020.

[161] ZHANG S J, ZHU W J, LI Q D, et al. Recycling of secondary aluminum dross to fabricate porous $\gamma-Al_2O_3$ assisted by corn straw as biotemplate[J]. Journal of Materials Science and Chemical Engineering, 2019, 7(12): 87-102.

[162] 安源水, 郭冬冬, 秦庆伟, 等. 铝循环二次铝灰生产氧化铝实验研究[J]. 轻金属, 2021(3): 5-10.

[163] 胡保国, 蒋晨, 赵海侠, 等. 铝灰酸溶法制备聚合氯化铝[J]. 化工环保, 2013, 33(4): 325-329.

[164] 罗资琴, 陈世前, 周锦. 聚合氯化铝的制备和性能[J]. 内蒙古石油化工, 2006, 32(9): 29-30.

[165] 焦玲. 铝系絮凝剂的制备及其在处理废水中的应用基础实验研究[D]. 保定: 河北大学, 2007.

[166] 石家力, 黄自力, 秦庆伟, 等. 二次铝灰制备聚合氯化铝试验研究[J]. 金属矿山, 2021(7): 206-210.

[167] 荀开晁. 废铝渣制备聚硅酸铝铁絮凝剂及应用研究[D]. 南昌: 南昌大学, 2014.

[168] 晁曦, 张廷安, 张宇斌, 等. 二次铝灰酸浸制备聚合氯化铝的研究[J]. 有色金属科学与工程, 2021, 12(5): 1-9.

[169] 李强, 王本坤, 徐会君, 等. 利用铝灰制备硅酸盐基臭氧氧化催化剂及其催化性能研究[J]. 山东化工, 2021, 50(1): 25-27, 29.

[170] KUROKI S, HASHISHIN T, MORIKAWA T, et al. Selective synthesis of zeolites A and X from two industrial wastes: crushed stone powder and aluminum ash [J]. Journal of Environmental Management, 2019, 231: 749-756.

[171] 冯琳琳. 含铝废弃物资源化应用于污水处理及底泥修复的试验研究[D]. 西安: 西安建筑科技大学, 2020.

[172] 刘春涛, 马荣华, 李莉. 废弃铝箔制备高效净水剂及其应用[J]. 水处理技术, 2002, 28(6): 350-351.

[173] 康文通, 李建军, 李小云, 等. 低铁硫酸铝生产新工艺研究[J]. 河北科技大学学报, 2001, 22(1): 65-67, 79.

[174] 杨娜, 朱山, 李松. 铝灰制备高纯硫酸铝的工艺研究[J]. 世界有色金属, 2021(15): 103-105.

[175] ZHANG Y, GUO Z H, HAN Z Y, et al. Feasibility of aluminum recovery and $MgAl_2O_4$ spinel synthesis from secondary aluminum dross[J]. International Journal of Minerals, Metallurgy, and Materials, 2019, 26(3): 309-318.

[176] CHOBTHAM C, KONGKARAT S. Synthesis of hercynite from aluminium dross at 1550 ℃: implication for industrial waste recycling [J]. Materials Science Forum, 2020, 977: 223-228.

[177] EWAIS E M M, BESISA N H A. Tailoring of magnesium aluminum titanate based ceramics from aluminum dross[J]. Materials & Design, 2018, 141: 110-119.

[178] 张勇, 何小娟, 喻成龙, 等. 二次铝灰烧结制备镁铝尖晶石材料[J]. 有色金属科学与工程, 2021, 12(6): 42-49.

[179] RAMASWAMY P, TILLETI P, BHATTACHARJEE S, et al. Synthesis of value added refractories from aluminium dross and zirconia composites[J]. Materials Today: Proceedings, 2020, 22: 1264-1273.

[180] 吕振飞. 用废电瓷制备免烧成耐高温材料及其性能研究[D]. 北京: 中国地质大学(北京), 2020.

[181] 徐强强. 二次铝灰渣免烧砖的研制[D]. 金华: 浙江师范大学, 2016.

[182] 张优. 铝灰发泡建筑陶瓷材料的制备及其发泡机理的研究[D]. 景德镇: 景德镇陶瓷大学, 2019.

[183] 朱炜军. 铝灰资源化制备 β-Sialon 及其磨损特性研究[D]. 杨凌: 西北农林科技大学, 2021.

[184] 张俊杰. 垃圾焚烧灰渣制备泡沫微晶玻璃工艺及其机理[D]. 北京: 北京科技大学, 2021.

[185] 焦志伟, 刘伟, 周伟, 等. 预处理铝灰制备微晶玻璃及性能研究[J]. 陶瓷学报, 2020, 41(1): 71-75.

[186] 周伟. 含氟铝灰制备微晶玻璃及物相转移特性研究[D]. 北京: 北方工业大学, 2019.

[187] 谭广志. 电解铝一次铝灰在炼钢过程中无害化应用的试验研究[D]. 鞍山: 辽宁科技大学, 2018.

［188］李燕龙，张立峰，杨文，等. 铝灰用于钢包渣改质剂试验［J］. 钢铁，2014，49（3）：17-23.

［189］张永卓，朱小峰，杨建伟，等. 工业铝灰在炼钢过程中的无害化应用研究［J］. 甘肃冶金，2020，42（6）：115-117，120.

［190］韩金珊，左正平，赵洪亮，等. 二次铝灰处置及利用现状及其在炼钢中的应用［J］. 中国冶金，2022，32（5）：16-24.

［191］刘道洁. 基于二次铝灰的地质聚合反应对垃圾飞灰稳固化影响研究［D］. 南京：东南大学，2018.

［192］钟文. 铝灰替代部分高铝矾土生产铝酸盐水泥 CA50 的研究［D］. 绵阳：西南科技大学，2018.

［193］UDVARDI B，GÉBER R，KOCSERHA I. Examination of the utilization of aluminum dross in road construction［J］. IOP Conference Series：Materials Science and Engineering，2019，613（1）：012053.

［194］康晓安. 脱氮二次铝灰-环氧树脂复合材料的制备及性能研究［D］. 桂林：桂林理工大学，2021.

［195］李振宇. 干法净化系统在电解铝企业中的应用及维护管理［D］. 沈阳：东北大学，2015.

［196］汪林. 铝电解槽的氟平衡及降低氟排放的措施分析［J］. 轻金属，2018（5）：21-25.

［197］李鹏飞，朱凯，戴英飞. 330 kA 铝电解生产中烟气净化的实践［J］. 有色冶金节能，2011，27（6）：40-43.

［198］赵兵，张鹏程，白恩贵，等. 420 kA 铝电解烟气净化技术现状分析及其优化思路［J］. 云南冶金，2017，46（5）：73-77.

［199］杨青辰. 超大型电解铝烟气净化及氧化铝贮运系统技术开发及产业化［J］. 中国金属通报，2019（1）：17，19.

［200］李晓明. 电解铝厂烟气净化系统引进及消化［J］. 世界有色金属，2013（2）：43-44.

［201］杨青辰，王尚元. 电解铝生产氟化物总量排放控制措施［J］. 世界有色金属，2019（2）：11，13.

［202］栾景丽，张水南，欧根能，等. 铝电解槽低浓度 SO_2 烟气循环利用生产硫酸锰工艺技术研究［J］. 云南冶金，2015，44（1）：67-70.

［203］宋金良. 基于过程数据的氨法脱硫建模与优化控制［D］. 西安：西安理工大学，2021.

［204］蒋璨. 烧结烟气石灰石-石膏湿法脱硫塔流场优化研究［D］. 武汉：武汉科技大学，2021.

［205］吕丽娜. 基于石灰石石膏湿法烟气脱硫技术的脱硫添加剂研究［D］. 上海：华东理工大学，2016.

［206］李计划. 湿法烟气脱硫过渡金属基有机酸复合添加剂的实验研究［D］. 马鞍山：安徽工业大学，2020.

［207］POLSTER M，NOLAN P S，BATYKO R J. Babcock & Wilcox Technologies for power plant stack emissions control. Paper N. BR - 1571，U. S./Korea Electric Power Technologies

Seminar Mission, Seoul, Korea; October 1994.

[208] LANI B W, BABU M. Phase II: the age of high velocity scrubbing. EPRIDOE - EPA combined utility air pollutant control symposium: the mega symposium: SO_2 control technologies and continuous emission monitors, EPRI, Palo Alto, CA, U. S. Department of Energy, Pittsburgh, PA, 4 and U. S. Environmental Protection Agency, Air Pollution Prevention and Control Division, Research Triangle Park, NC. TR-108683-V2; 1997

[209] 庄佳乐. 氧化镁湿法脱硫优化与废液废渣资源化利用研究[D]. 镇江: 江苏大学, 2021.

[210] 张伟明, 秦茜, 宋舟, 等. 钠碱法脱硫问题的研究与探讨[J]. 硫酸工业, 2022(6): 33-37.

[211] CÓRDOBA P. Status of Flue Gas Desulphurisation (FGD) systems from coal-fired power plants: overview of the physic-chemical control processes of wet limestone FGDs[J]. Fuel, 2015, 144: 274-286.

[212] ZHENG Y J, KIIL S, JOHNSSON J E, et al. Use of spray dry absorption product in wet flue gas desulphurisation plants: pilot-scale experiments[J]. Fuel, 2002, 81(15): 1899-1905.

[213] 杨倩. 锅炉烟气深度治理及资源化利用技术研究[D]. 镇江: 江苏大学, 2021.

[214] 陈作炳, 张雷, 石志良. 循环悬浮式半干法脱硫工艺在火电厂的应用[J]. 武汉理工大学学报(信息与管理工程版), 2011, 33(4): 569-571.

[215] 张海燕. 氧化锌法吸收低浓度SO_2烟气技术的工业化应用[J]. 有色金属设计, 2003, 30(3): 51-55.

[216] 何艳明, 陶辉旺, 欧根能, 等. 铝电解低浓度SO_2及含氟烟气循环利用生产冰晶石工艺技术研究[J]. 云南冶金, 2013, 42(5): 40-43, 47.

[217] 李晓阳, 张春万, 谢刚, 等. 电解铝SO_2、CO_2及含氟烟气循环利用生产冰晶石的方法: CN102080235A[P]. 2011-06-01.

[218] 何爱玲. 电解烟气净化脱硫系统简介[J]. 世界有色金属, 2019(21): 294-295.

[219] 李德生, 张健, 孙艳, 等. 电解铝烟气净化系统的应用: 小区域单台电解槽净化[J]. 中国有色金属, 2011(24): 58-61.

图书在版编目(CIP)数据

铝电解废弃物资源化利用／袁杰著. —长沙：中南
大学出版社，2024.6
ISBN 978-7-5487-5685-9

Ⅰ. ①铝… Ⅱ. ①袁… Ⅲ. ①氧化铝电解—电解加工
—废物综合利用 Ⅳ. ①X781.1

中国国家版本馆 CIP 数据核字(2024)第 018306 号

铝电解废弃物资源化利用
LUDIANJIE FEIQIWU ZIYUANHUA LIYONG

袁杰 著

□出 版 人	林绵优		
□责任编辑	刘锦伟		
□责任印制	唐 曦		
□出版发行	中南大学出版社		
	社址：长沙市麓山南路		邮编：410083
	发行科电话：0731-88876770		传真：0731-88710482
□印 装	广东虎彩云印刷有限公司		

□开 本	710 mm×1000 mm 1/16	□印张 11.5	□字数 226 千字
□版 次	2024 年 6 月第 1 版		□印次 2024 年 6 月第 1 次印刷
□书 号	ISBN 978-7-5487-5685-9		
□定 价	56.00 元		

图书出现印装问题，请与经销商调换